数字安全蓝皮书

本质属性与重要特征

数世咨询　编著

人民邮电出版社

北　京

图书在版编目（CIP）数据

数字安全蓝皮书：本质属性与重要特征 / 数世咨询
编著. -- 北京：人民邮电出版社，2024.6
ISBN 978-7-115-64338-4

Ⅰ．①数… Ⅱ．①数… Ⅲ．①数据管理－安全管理－
研究报告－中国 Ⅳ．①TP309.3

中国国家版本馆CIP数据核字(2024)第086113号

内 容 提 要

　　本书围绕着数字安全的基本概念、技术应用和产业现状，主要介绍了数字安全的本质与特性、数字安全能力的定义、相关应用实践案例及数字安全未来的发展方向。本书核心内容是基于数字安全基础理论研究并结合我国数字化实际环境，提供一套可供数字化组织建设和评估数字安全能力的模型框架。

　　本书通过对在数字中国建设过程中数字安全能力供需两端的研究与分析，为数字化组织建设和评估数字安全能力提供有益参考，帮助数字化组织甄选数字安全能力供应商。本书适合具备一定数字安全知识、想要了解数字化技术与应用的从事信息安全相关行业的人员阅读。

◆ 编　　著　数世咨询
　　责任编辑　胡　艺
　　责任印制　马振武
◆ 人民邮电出版社出版发行　　北京市丰台区成寿寺路 11 号
　　邮编　100164　　电子邮件　315@ptpress.com.cn
　　网址　https://www.ptpress.com.cn
　　北京七彩京通数码快印有限公司印刷
◆ 开本：787×1092　1/16
　　印张：13.5　　　　　　　2024 年 6 月第 1 版
　　字数：263 千字　　　　　2024 年 11 月北京第 2 次印刷
定价：89.90 元
读者服务热线：**(010)53913866**　印装质量热线：**(010)81055316**
反盗版热线：**(010)81055315**
广告经营许可证：京东市监广登字 20170147 号

编｜委｜会

主　　编： 李少鹏

副 主 编： 靳慧超

分析团队： 数字安全研究院 数世咨询 Digital World Consulting

委员单位： （按参编内容在本书中出现的顺序排序）

与"网络安全"相比,"数字安全"一词对大部分人而言显然有些陌生。但正如30年前的计算机时代,大家熟悉的是计算机世界和计算机安全,之后是信息世界和信息安全,再之后是网络世界与网络安全,现如今则是数字世界,数字安全。

一个名词或概念的变迁,意味着出现了新的内涵,对数字安全来说,编者有以下3点理解与读者分享。

① 数字安全的内涵。目前还没有对数字安全进行论述或解释的正式出版物面世。数世咨询创始人从事网络安全研究工作20年,与国内主流安全厂商频繁沟通,逐步形成了一套较为完整的认知体系;同时,作为国内最早(2019年)提倡"数字安全时代"的人,有愿望也有责任联合产业界共同编著一本有关数字安全的正式出版物。此为撰写本书的主要原因之一。

② 数字安全的重要性。对个体而言,安居才能乐业。对社会而言,保障公共安全、国家安全则是保障社会生活稳定、国民经济良好运转的基础。在网络并未普及、发达的时代,网络安全是一个伴生性的产物,远不如现实世界中的交通安全、生产安全、消防安全等重要。但随着数字化时代的到来,我们生活在一个数字化的世界中。在这个衣食住行几乎完全依赖数字技术的世界里,数字安全将成为数字世界的一个基础组成部分,必将从伴生属性上升为共生属性,即数字世界,安全共生。

③ 凝聚共识。数字安全目前还是一个较为小众的产业,经历30年的发展,市场规模尚不足千亿元[1]。但由于数字安全的本质属性(详见第1章第5节),它是一个非常碎片化的专业领域。而且,与其他行业相比,它又是一个非常特殊的领域,兼具合规性和创新性这一对看似矛盾的特征,多头管理、产品繁杂、分类多维,从理念到技术,再到方案、服务,各有不同。整个产业界,从供应商到用户,再到研究机构,存在着沟通不便、统计不便、采购不便等弊端,亟须凝聚共识。

关于数字安全能力图谱的任何意见和建议也可以联系数世咨询(jinhuichao@dwcon.cn)进行沟通。

李少鹏

2023年冬于北京

1　数据源自数世咨询《中国数字安全产业年度报告(2023)》

Contents
目录

04　第4章　数字安全最佳实践

05 第5章 中国数字安全产业概况

06 | 第6章 数字安全未来

附录1 数字安全法治

附录2 数字安全与数字中国的关系

附录3 数字安全能力图谱与网络安全专用产品目录对照

第 1 章

数字安全
基础研究

数字安全，英文为 Digital Security，无论是中文还是英文，这一名词都不是刚刚诞生的，而且它作为一种客观存在，大众已经对其有一定的认知并形成了一定范围内的实践。

但是，数字安全究竟该如何理解，在不同的经济、政治、文化、社会、生态环境中究竟代表着什么，目前为止并没有形成明确和广泛的共识。在阐述数世咨询对数字安全的研究之前，以下先介绍国际上对数字安全这一概念的主要认知。

国外的大部分网络安全企业，基本上都认为数字安全属于网络安全（Cyber Security）的一部分。从其所提供产品和服务的划分上来看，数字安全产品和服务与个人信息保护产品和服务基本一致，国外相关企业对网络安全和数字安全的描述如表 1-1 所示。

表 1-1　国外相关企业对网络安全和数字安全的描述

特征	网络安全	数字安全
使用方式	在描述网络安全的技术、产品、服务及法律文件时使用	在描述个人参与互联网经济、社会活动时使用
保护对象	组织	个人
保护内容	网络、信息系统、应用程序、数据	互联网身份及PII（个人可识别信息）、PHI（受保护的健康信息）、PFI（受保护的金融信息）

经济合作与发展组织（Organization for Economic Cooperation and Development，OECD）声称，在1992年通过了一项数字安全国际标准，该标准是关于信息系统安全的建议。但编者发现，这一标准并没有对"数字安全"进行具体阐述。2022年，OECD制定了最新的一系列关于数字安全的建议，即《数字安全政策框架》。

正如图 1-1 所示，OECD认为网络安全包括 4 个层面。其中，经济繁荣和社会昌盛是数字安全的目标。

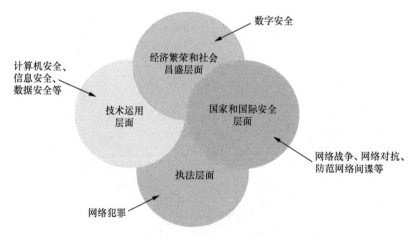

图 1-1　网络安全的 4 个层面（图片来源：OECD）

　　上述两种对数字安全的认知，均将其纳入网络安全的范畴。而本书则对数字安全的内涵提出了不同的见解，原因在于数字安全与网络安全的目标主体不同。

　　数世咨询认为，**数字安全的目标主体是数字世界，而非网络空间（Cyber Space，也称赛博空间）**，更非网络空间中的个人信息、互联网经济等子集。因此，数字安全的内涵不只是针对网络资产或数字资产的保护，而是更为广义的，包含了数字活动风险控制和保证数字社会可持续发展的一种综合性安全保障。

　　本章主要从 5 个方面对数字安全基础研究进行介绍。

　　（1）数字世界，主要介绍数字世界的由来和构成。

　　（2）信息流动，主要介绍信息在人类文明进程中的决定性地位。

　　（3）数字安全的演进，主要介绍数字安全发展的各个重要阶段。

　　（4）数字安全的定义，主要介绍何为数字安全。

　　（5）数字安全的本质属性与重要特征，进一步阐述数字安全的内涵。

1.1　什么是数字世界

　　人们对数字世界的理解可以大致分为两类。

　　第一类：数字世界是计算机世界、信息世界、网络空间等的延伸及扩大。后者的概念都涵盖了前者，并有着鲜明的时代技术特征。首先，计算机世界的概念诞生，然后是信息世界，再到将海陆空天连接在一起的网络空间。

　　第二类：数字世界是元宇宙。与之相近的概念是数字孪生，数字孪生即对现实世界万物及其活动在虚拟世界中的一对一映射，它是元宇宙的子集，同时也是元宇宙建立的基础。"通常说来，元宇宙是基于互联网而生、与现实世界相互打通、平行存在的虚拟世界，是一个可以映射现实世界、又独立于现实世界的虚拟空间。它不是一家独大的封闭宇宙，而是由无数虚拟世界、数字内容组成的不断碰撞、膨胀的数字宇宙。"[1]

　　当下的数字世界如图 1-2 所示，这里的虚拟世界则是数世咨询认为的数字世界。其中，除了虚拟世界外（这里的虚拟世界包括了网络空间和数字孪生的概念），还包括了与现实世界融合的部分，即虚实共生。

1　引自中央纪委国家监委网站《深度关注：元宇宙如何改写人类社会生活》

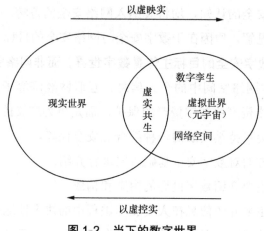

图 1-2　当下的数字世界

数世咨询认为，**数字世界既是物理世界在虚拟世界中的投射，也是虚拟世界向物理世界的反馈。**

如图 1-3 所示，现实世界正在以越来越快的速度逐步融入虚拟世界，这是从以虚映实、以虚控实，到虚实共生，再到以虚代实的发展趋势。

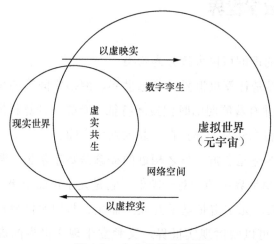

图 1-3　未来的数字世界

数世咨询之所以提出"自实向虚"的趋势判断，源自对"**信息流动是人类文明进程的决定性因素**"这一底层逻辑的理解。

1.2　信息流动是人类文明进程的决定性因素

人类从茹毛饮血的原始时代，进化到全球互联、太空探测、基因解码的高科技文明时代，其中有一个至关重要的因素和推动力，即信息的流动。人类群体大规模合作之所以成为可能，城邦、国家之所以建立，各地区、国家的经济贸易之所以往来，其关键就是信息的传递或流动。

因为文字的产生，大规模的计划、生产等社会活动才成为可能，古巴比伦、古埃及、古印度、中国等文明古国才得以建立，人类进入青铜器、铁器时代，人类史上的第一种文明形态——农耕文明[1]得以形成。

仅有文字，但缺乏有效传播手段，信息只能在皇族等权贵阶级中流通。但古登堡印刷术[2]的出现，为科学知识的普及扫除了障碍。欧洲中世纪的黑暗时代结束后迎来了文艺复兴，再接着引发了全人类引以为傲的工业革命。

进入 20 世纪后期，互联网的出现，不仅是文字，图片、音频、视频也得到了全球范围的传播，世界成为地球村，人类文明进入了信息革命时代。

人类即将迎来万物互联和数字世界，而这一文明阶段（可称为数字革命阶段）的关键在于 5G、6G 等新一代通信技术的普及。如果没有新一代的通信技术作为基础进行支撑，虚拟现实（VR）、人工智能（AI）、自动驾驶、海量数据分析、智慧城市、数字地球、脑机接口（BCI）和元宇宙，则根本不可能实现。

从人类文明的发展历程，可以看出一个明显的规律——人类文明的进步过程，就是知识共享的过程。信息流动的速度越快，文明程度越高。因此进一步得出以下结论。

"信息流动是推动人类文明发展的核心引擎[3]，而信息流动的速度上限则决定着人类文明的发展上限。"——数世咨询

从长远发展的角度来看，信息流动的终极状态，是形成一个与现实世界不断融合的数字世界。这个必然的发展趋势基于高效的信息收集、处理、共享和使用，是以数字化为基础和驱动的。简而言之，当今世界正在数字化，并终将数字化[4]。

1.3　数字安全的演进

"网络安全的本质是对抗。"追溯历史，人们围绕电子通信技术展开对抗，最早起源于 20 世纪的两次世界大战时期，交战双方针对无线通信的加密和解密展开对抗。

1　这里的农耕文明，以大规模劳作、政体和国家出现为标志。

2　中国的活字印刷术并未得到普遍应用，因此全球学术界普遍把古登堡发明的铅活字印刷机当作规模化印刷发展的里程碑。

3　也许有人会认为，能源开发、生物基因、人工智能等科学技术更重要。但这些科技的进展，前提是信息的共享与流动带来的科研人员的认知能力提升。

4　公元前 540 年左右，毕达哥拉斯提出"万物皆数"。而"黑洞"一词的首倡者、量子力学家惠勒声称"万物源自比特"。

所以，早在出现"网络"这一概念之前，密码技术作为网络安全技术的起源，就已经纳入国家安全的范畴，而密码技术至今也是网络安全体系最为重要的基础支撑，因此习近平总书记于2014年2月27日在中央网络安全和信息化领导小组第一次会议上提出了"没有网络安全就没有国家安全"的理念。

自20世纪90年代计算机杀毒软件出现以来，数世咨询将网络安全产业的30多年发展，划分为计算机安全时代、信息安全时代（包括信息保密与IT安全）和网络安全时代，而随着全球数字经济和物联网时代的到来，网络安全的概念正在向数字安全的概念转化。

1. 计算机安全时代

1987年，巴基斯坦一家软件商为了防止软件被复制，制造了第一批计算机病毒，催生了防计算机病毒软件厂商。这一时期，国内外兴起了一批防计算机病毒软件厂商。国内最早出现的杀毒产品是直接安装在计算机主板上的病毒卡，之后则产生了以特征库、黑名单技术为支撑的本地杀毒软件和网络杀毒产品。

计算机安全时代，安全防护的关注重点在计算机设备本身，包括硬件和操作系统，以及存储器上的电子数据。防病毒产品、电磁信号防泄露产品，与电子数据的加密、备份与恢复产品形成了主要的商业市场。美国于1987年颁布《计算机安全法》、英国于1990年制定《计算机滥用法》，我国于1994年颁布了《中华人民共和国计算机信息系统安全保护条例》，1999年发布了《计算机信息系统　安全保护等级划分准则》（GB 17859-1999）。

2. 信息安全时代

信息安全包括了两个主要概念，信息保密与IT安全。前者是信息内容层面的安全防护，如不良信息治理等，后者是涉及机构办公和企业经营的信息系统安全防护。随着个人计算机和互联网的普及，网络访问的需求快速增加，与此同时，门户网站发展和企业信息化发展的速度也在加快，安全防护的关注重点开始从计算机设备本身，转向网络边界的隔离与防护。

相应的，国内于2000年左右出现了一批网络安全公司，如绿盟科技、启明星辰、卫士通等。国家政策方面，一个重要的里程碑就是《国家信息化领导小组关于加强信息安全保障工作的意见》（中办发[2003]27号）的发布，标志着我国信息安全保障工作有了总体纲领。2004年，《关于信息安全等级保护工作的实施意见》发布，2007年，《信息安全等级保护管理办法》（公通字[2007]43号）发布。

3. 网络安全时代

2013年"棱镜门"事件的曝光，引起世界各国政府对网络安全的重视，网络安全的概念，开始被更多人认可和接受。网络空间的核心在于网络连接一切，即把所有电子设备通过有线网络或无线网络连接在一起，以达到通信与控制的目的，从而形成贯穿海陆空天的空间。

2014 年 2 月，中央网络安全和信息化领导小组成立，并首次提出**"没有网络安全就没有国家安全"**重大指导方针。2016 年，《中华人民共和国网络安全法》发布，并于 2017 年正式实施。2019 年，网络安全等级保护 2.0 相关若干国家标准正式发布。2020 年，《中华人民共和国密码法》正式实施。

4. 数字安全时代

2021 年国务院政府工作报告指出"十四五"时期的主要目标任务："加快数字化发展，打造数字经济新优势，协同推进数字产业化和产业数字化转型，加快数字社会建设步伐，提高数字政府建设水平，营造良好数字生态，建设数字中国。"同年，《中华人民共和国数据安全法》施行。

习近平总书记在致 2021 年世界互联网大会乌镇峰会的贺信中写道："激发数字经济活力，增强数字政府效能，优化数字社会环境，构建数字合作格局，筑牢数字安全屏障，让数字文明造福各国人民，推动构建人类命运共同体。"

2023 年，在中共中央、国务院印发的《数字中国建设整体布局规划》（以下简称《规划》）中指出，"筑牢可信可控的数字安全屏障。切实维护网络安全，完善网络安全法律法规和政策体系。增强数据安全保障能力，建立数据分类分级保护基础制度，健全网络数据监测预警和应急处置工作体系。"从《规划》中可以看出，数字安全的两大核心内容为网络安全与数据安全。

1.4　数字安全的定义

正如前文所说，数字安全的目标主体是数字世界。其包含了网络空间、数字孪生等虚拟世界，以及虚拟世界与现实世界的融合体。网络空间与数字世界的最大不同是，前者以连接为核心，数据是网络连接与应用系统的伴生品。数字世界则以数据流动为核心，通过数据的充分流动与信息的充分共享，从而为科技、经济、政治、文化带来巨大的价值。

网络安全的主体保护对象是通信设备、计算节点、数据存储、信息系统等网络空间资产。数字安全的主体保护对象则是现实世界与虚拟世界的融合体，即数字世界。以当今时代为背景，网络安全则可具象化到数字经济和国家安全两大保障目标。

数字安全时代与计算机安全时代、信息安全时代、网络安全时代等的最大区别主要有以下两点。

1. 以风险的高度看待安全

在产业发展早期，往往是在安全事件出现后再进行补救，即"亡羊补牢"式的事件驱动。为了摆脱被动，新的数字安全理念是主动防御，要努力做到及早发现并及时消除威胁，即"先发制人"式的威胁驱动。风险驱动的数字安全理念则是"未雨绸缪"，因为风险永远存在，所以为消除不确定性进行准备，才是安全状态的根基。

2. 以世界的广度看待安全

数字安全不再围绕信息技术这一特定领域，而是基于数字化技术，实现全民、全社会的应用和普及，保障从生产生活到意识文化，从健康发展到文明秩序，从现实世界到虚拟世界全方位的安全状态。

结合上述内容，以下给出数字安全的定义。

数字安全是指**在全球数字化背景下，合理控制个人、组织、国家在各种活动中面临的数字安全风险，保障数字社会可持续发展**[1]的政策法规、管理措施、技术方法等**安全手段的总和。**

这里的风险并不局限于围绕数字化资产保护的攻防对抗，还包括了如何确保数字资产所承载业务的稳定性、连续性和健康性。这里的安全不再针对有意还是无意，天灾还是人祸，保安还是保险，它是指更为广义的安全状态（SecSafe）[2]。

1.5 数字安全的本质属性与重要特征

1. 本质属性

数字安全有以下 3 个本质属性。

（1）起源本质：信息技术

信息技术是数字安全的起源。例如，有了主机、数据库、应用程序，才会有主机

1　世界环境与发展委员会（WCED）的《我们共同的未来》报告中，将可持续发展定义为"既能满足当代人的需要，又不对后代人满足其需要的能力构成危害的发展"。

2　编者注：英文词汇中，有两个单词对应中文的"安全"，Security 和 Safety。前者侧重蓄意，强调的是保护；后者侧重意外，强调的是保障。但有些情况下，两者的含义也会交叉。如 Food Security 是指粮食保障。本书中定义的数字安全是两者的集合，是一种更为广义的安全状态，英文中暂无合适的词汇对应。为此，数世咨询创造了一个新的英文单词—SecSafe。

安全、数据库安全、应用程序安全的概念，有了云计算、移动互联网和工业互联网，才会有云计算安全、移动互联网安全和工业互联网安全的概念。简而言之，没有网络就没有网络安全。没有数字化，也就没有数字安全。

（2）技术本质：信任机制

无论是病毒签名还是程序签名，无论是基于规则还是基于黑白名单，网络攻防技术的核心总围绕着信任机制。未知威胁和已知威胁是相对的，可信计算和零信任是一枚硬币的正反两面。前者因信任而放行，后者因怀疑而验证。

（3）哲学本质：对抗

本质上，安全永远是相对的。从攻防的角度而言，没有无坚不摧的矛，也没有牢不可破的盾。从风险的角度而言，风险会一直存在，不可能百分之百消除。因此，所谓的安全状态始终是一个不断与风险对抗的动态平衡过程。

2.重要特征

在本质属性之外，数字安全还有以下3个重要特征。

（1）场景化

由于数字安全的3个本质属性——信息技术、信任机制和对抗决定了数字安全的动态复杂性。云计算、大数据、区块链、5G、人工智能、量子计算等前沿技术日新月异，相应的安全措施自然会随之变化。信任机制和对抗手段更是始终处于此消彼长的波动之中。从解决需求的角度来看，数字安全具有场景化特征。从市场格局的角度来看，数字安全则具有碎片化特征。

（2）服务化

数据安全服务化有两个关键点，一是需求方要的是效果而非某个实物，二是人力成本要占较大的比重。以医疗行业为例，制药厂、医疗器械制造厂及药店都是不可或缺的。但对病患治疗来说，最重要的是配备了医生、护士等医务专业人员的诊所或医院。类比数字安全行业，安全运营和安全托管均是服务化的具体表现。

（3）监管化

数字安全是一个特殊的领域，任何重要或大型机构的安全与否均直接或间接影响社会和公共安全，政治和国家安全，并且数字安全相关的技术研究和商业经营一旦发生偏差，很可能严重损害国家和社会的利益，因此，必须从更高的维度来监控和管理，即纳入监管。近年来，已经有几十家主流数字安全企业引入国资，反映部分监管化的特征。

第 2 章

数字安全
能力模型

第1章介绍了数字安全的定义、特性，从概念和顶层设计层面使读者对数字安全有了一个整体的认识。

这一章的主要内容是如何将数字安全的理论应用到现实的数字化生产和数字化生活当中，并且使其发挥切实作用体现其价值。要想实现这一过程，依赖于在数字中国建设进程中的数字安全能力匹配和引领。

数世咨询希望通过构建数字安全能力模型，对我国数字安全研究和发展产生积极影响。

（1）构建沟通与探讨的语系，达成产业共识，集中技术资源，使数字安全发展稳定、持续地助力数字中国建设。

（2）为国家、行业主管部门提供应用实践支持，帮助国家开展广泛和深入的产业调查研究、为出台数字安全国家标准提供智库支持。

（3）为深度数实融合的中国式现代化发展之路提供数字安全屏障能力参考，使相关企业有效建设和合理评估数字安全屏障能力。

数字安全能力模型，就是从整体视角对数字安全技术、产品、服务及合规性进行描述，使读者具备对数字安全能力进行体系化的框架思维，并且在充分评估数字安全能力建设成熟度方面提供参考。

本章主要从以下4个方面的内容对数字安全能力模型进行介绍。

（1）作用和意义，主要介绍数字安全能力模型的研究价值和应用价值。

（2）方法论，主要介绍数字安全能力模型研究的理论依据。

（3）能力模型，主要介绍数字安全能力模型的构成。

（4）能力图谱，主要介绍根据数字安全能力模型衍生的能力图谱。

本章从以上4个方面进行介绍，使读者系统地了解数字安全能力模型的整体框架。

2.1 作用和意义

在不同的学科和知识领域，研究模型的建立都是基于对其特性和发展的总结与宏观思考，而一个匹配时代进程并且能引领发展趋势的研究模型更是浓缩了对这一领域的深刻认识。

数字安全能力模型的研究主要在以下3个方面对数字安全领域产生积极影响。

1. 数字安全能力模型可以促进理论的建设与完善

通过对数字安全能力模型的研究，我们可以深入理解各种理论概念、假设和关系，并对其进行批判性思考和评估，如发展和安全的关系、安全性对品牌塑造的影响等。同时，还有助于推动新理论的提出和发展，填补现有理论的空白，促进领域的进步、知识的丰富，如量子计算在数字安全领域中的应用、如何安全地利用 AI 等。

2. 数字安全能力模型可以促进探索和改进研究方法

不同领域的研究常常需要基于特定的问题和条件进行方法选择和设计。通过对数字安全能力模型的研究，我们可以分析和比较不同的方法和思维，了解其优劣势和适用性，并寻求更加有效和可靠的研究方法，这有助于提高研究的质量和可靠性，如国外安全理念是否适用于我国国情、我国如何在安全方面体现大国担当等。

3. 数字安全能力模型有助于跨学科的整合和交流

数字安全问题是一个复杂的现实问题，往往需要综合不同学科的观点和方法来解决，如密码学、计算机科学、通信科学、心理学、教育学等。通过数字安全能力模型，可以对不同学科的理论、概念和方法进行整合，促进学科之间的交流与合作。这有助于打破学科壁垒，形成综合性的视角和解决方案。

数字安全能力模型的研究初衷是为了在数字中国建设的过程中，作为有关部门、相关机构、学术单位和各行业企业的数字安全能力建设和成熟度评估的参考，加速数字化转型，促进数字经济健康增长、合理控制数字风险。

基于此，数字安全能力模型主要在以下 3 个方面对数字安全能力建设和成熟度评估发挥切实作用。

1. 数字安全能力建设的决策参考

数字安全能力模型可以为决策提供支持，特别是在情况复杂和充满不确定性的情况下用于支持统筹发展和安全的决策。在实际工作中，我们常常需要进行各种决策，如企业经营资源分配、数字安全战略规划等。通过数字安全能力模型，我们可以系统地统筹各个方面，有效、合理地使用企业资源，合理地处理安全与发展间的关系并进行恰当的决策，提高工作的效率和质量。

2. 数字安全能力建设的评估参考

数字安全能力模型可以为数字安全能力建设成熟度提供体系化的评估支持，可以更清晰地识别和定义问题，通过与现有模型的比较分析，可以明确数字安全能力现状，以及其与相应能力的成熟度差距，将复杂的问题分解为更小、更具体的问题，并确定产生差距的关键因素，准确定位问题，为解决问题提供参考。

3.建立沟通与合作的语系

在实际工作中应用数字安全能力模型可以促进沟通与合作，因为各类组织中的不同团队成员可能有不同的知识储备和专业背景，而数字安全能力模型则提供了一个共同的语言和理解框架。通过数字安全能力模型，团队成员可以更好地交流和理解彼此的观点，协同工作并共同解决问题。

数字安全能力模型是一种框架思维，更是一种在实际生产和生活中解决问题的方法，数字安全能力模型也会根据数字中国建设的进程和时代的要求持续改善和进化。

2.2 方法论

数字安全能力模型的研究基础，是数世咨询于 2020 年首次提出的网络安全三元论。三元素分别为网络攻防、信息技术和业务场景。数据成为第五大生产要素标志着数字时代来临，网络安全三元论在 2023 年进行了更新，升级为以安全能力、数字资产和数字活动为三元素，以数据安全为核心目标，即"三元一核"的数字安全三元论，以适应数字中国建设的进程。

综上所述，数字安全的 3 个元素分别为安全能力、数字资产和数字活动。数字资产是安全能力的保护对象，数字活动是安全能力及数字资产的服务对象，而数据安全则是数字安全三元论的核心目标。对于这四者间关系的深度理解和相关技能的掌握是做好数字安全工作的关键，"三元一核"的数字安全三元论如图 2-1 所示。

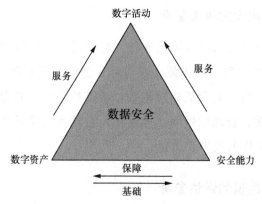

图 2-1 "三元一核"的数字安全三元论

1.安全能力的保护对象是数字资产

数字资产是以二进制形式存储、有商业或交换价值的资源，安全能力用以预防和防护，其核心价值在于维持数字资产长期的、基础的安全，如云安全、移动安全、工业互联网安全。从工程科学的角度来看，网络安全的理论基础来源于计算机科学、通信学、密码学等。

数世咨询："不清楚保护对象，何谈保护。"

2. 安全能力和数字资产共同服务于数字活动

安全能力服务于数字活动，主要体现在降损和增值。

服务则超越了基础的安全保障，其核心价值体现在降低数字活动中出现的损失，以及增加数字活动的价值，如抵御拒绝服务攻击、反欺诈等可大幅度减少业务损失，安全的手机、智能汽车等算力终端则可提高产品竞争力，数字活动有了安全保障得以健康、良性地发展。保护是纯粹的成本中心，服务则能降低损失和增加价值，间接带来效益转化。

数世咨询："安全价值论——数字安全的三大价值依序为安全保障、降损和增值。"

安全价值论示意如图 2-2 所示。

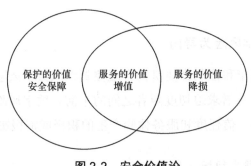

图 2-2　安全价值论

数字资产服务于数字活动，其价值主要体现在降本、增效和创新，属于更加直接的效益转化。

3. 数据安全是数字安全三元论的核心目标

无论是对数字资产的保护，还是对数字活动的服务，其核心目标都是在**合理安全**的前提下，将数据的价值最大化。对数字资产的保护是为了更好地服务数字业务，而数字业务的价值主要由"合理安全"的数据流动来体现。

此处的"合理安全"是相对于"理想安全"提出的，是指在考虑了风险容忍度和业务需求迫切度两者之间的平衡之后，所需要具备的安全能力。

2.3 能力模型

根据数字安全三元论，结合当前我国数字安全的技术发展与市场应用现状，为了给有关部门、相关机构、学术单位和各行企业在建设数字安全能力的过程中提供一种参考模型，同时也为了给他们评估自身数字安全能力建设的成熟度提供一套参考指标，数世咨询开发了数字安全能力模型。

本书主要介绍数字安全能力模型的框架部分，使读者对数字安全能力模型拥有初步、整体上的认识。关于数字安全能力模型的指标体系和具体内容，数世咨询将会在后续蓝皮书中作详细介绍。

2.3.1 模型框架

数字安全能力模型主要根据数字安全三元论中的安全能力、数字资产、数字活动和数据安全间的关系演变而来，再结合组织在实际生产经营过程中需要遵循和适配的国家法律法规及商业规则，最终形成以合理控制数字风险为导向、以促进组织发展为目标、以服务业务运行为前提、以保障数字资产为基础的数字安全能力模型，具体如下。

1. 以合理控制数字风险为导向

所有数字安全的决策和控制都要贯彻合理控制组织数字风险这一思想。合理主要指保证风险容忍度和业务需求迫切度两者之间的平衡。数字风险主要指可能会对组织在数字世界中的影响力、信任度和服务体验产生的积极或消极影响。

2. 以促进组织发展为目标

数字安全能力模型的目标是为组织提供数字安全能力建设的决策参考、数字安全能力建设成熟度的评估参考、建立沟通与合作的语系，最终通过数字安全能力的有效应用来保障、促进组织在数字世界中的可持续发展。

促进组织发展的核心是保障数据有效、高效地流动，将数据要素的价值最大化释放。

3. 以服务业务运行为前提

对组织而言，数字活动是以数字业务为前提的。没有业务运行，任何机构和组织就没有了成立的意义。安全能力服务于数字业务，核心价值体现在降低数字业务中的损失，以及增强数字业务的价值。

4. 以保障数字资产为基础

数字活动的开展依赖于数字资产提供的算力环境、网络环境、应用环境和数据资源，数字资产是数字安全能力最终的作用对象，保障数字资产的安全性、稳定性和可靠性是开展一切数字活动的基础。

图 2-3 所示的数字安全能力模型由"一面两环"构成。

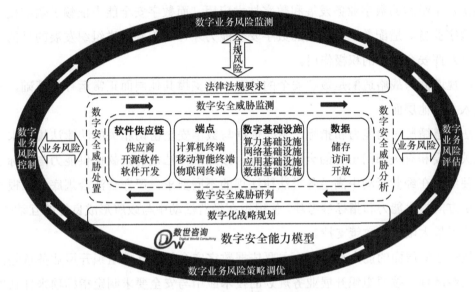

图 2-3 数字安全能力模型

（1）一面

"一面"主要指数字活动风险面，由"一左"（软件供应链）、"一右"（数据）、"一点"（端点）、"一线"（数字基础设施）、"两合规"（法律法规要求、数字化战略规划）组成。

（2）两环

"两环"的关注对象为数字安全威胁和数字业务风险，主要表示基于持续评估和风险优先级理念的安全运营。

2.3.2 模型简介

对于数字安全能力模型的整体框架，可以从以下 4 点进行系统性的理解。

1. 法规遵循与战略适配是基石

由于数字安全的特殊性，合法合规永远是数字安全能力建设的第一驱动力。法律法规制定的是安全底线，符合法律法规的要求是数字安全能力建设为组织提供的一种价值。合法合规不仅能为组织提供基础的安全能力，最重要的是还可以免于行政和刑事处罚，为组织提供长久且健康的经营环境。

同样，由于数字安全的发展在很大程度上依赖于政府部门的推动，所以可根据政策指引适时地研究或采用与政策相关的数字安全技术，组织在承担社会责任的同时还可以享受政策红利，如获得政府专项基金支持或者参与重大课题研究，这是利用数字安全能力为组织获得资源的一种方式，同时也是提升品牌影响力的一种方式。

除了合法合规，组织的数字化战略是数字安全能力必须严格适配的方向。数字化战略决定了组织的数字业务发展和数字技术应用，而数字安全能力依赖于数字技术来服务数字业务。适配数字化战略的数字安全能力才可以起到促进组织发展的目的，达到充分发挥安全能力的积极作用。

法规遵循与战略适配是数字安全的基石，是支撑其他层面正常运行的基础，同样也融入了其他层面。

法规遵循层面的能力和指标，主要依据与数字安全密切相关的法律法规要求及国家相关部委和有关部门出台的全国性政策。按照法律法规的条款提供能力与指标参考项，使组织在经营活动中满足各类法律法规的不同要求，严守合法合规底线。根据政策指引方向提供能力和指标参考项，使组织在经营活动中与政府形成良好的互动关系，同时获得最大限度的政策支持。

战略适配层面的能力和指标，主要依据数字安全能力支撑组织开展业务规划的适配性与经济性。按照组织开展业务规划的技术应用与安全要求制定指标项来评估安全能力，使组织在开展业务规划时拥有相适应的安全能力并且最大限度地减少资源投入。

2. 数据驱动的数字业务是核心服务对象

数据要素在数字资产和数字业务应用间流动，即形成了不同场景的数字业务。根据数字安全三元论，数字业务是数字安全能力的服务对象，有效服务于数字业务才能使数字安全能力发挥出最大的价值。

数字业务由运行的数字资产和流通的数据要素构成，服务数字业务要保障数字资产、数据要素流通和业务应用的安全性，同时统筹安全与发展间的关系，利用数字安全能力使组织获得利益最大化。

数字业务的能力和指标主要依据数字资产保障的要求、数据要素流通的过程和业务应用的逻辑流程而制定。按照数字业务高效、稳定、持续运行的标准，将数字安全能力、数字技术和数字业务逻辑相结合，为不同功能的数字业务提供相匹配的数字安全能力，充分发挥出数字安全的价值。

数字安全能力在服务数字业务的同时，需要有效并安全地利用 AI，贯穿整个服务过程。由于网络攻击的高速性和廉价性，攻击的对象和数量在以几何级数增长，这个数字终有一天将庞大到无法描述。面对海量的安全数据，仅依靠人工的方式进行安全分析无疑是天方夜谭。只有对 AI 与数字安全能力进行有机结合，提高对威胁与风险的推理和预测能力，才能体现数字安全能力的高效性。

AI 与数字安全的有机结合主要包括两部分。一是提高 AI 本身的安全性，解决包括 AI 伦理、AI 模型投毒等方面的问题等；二是通过与 AI 的结合实现更为智能的数字安全能力。

3. 有效的安全运营是持续应对数字风险的关键

数字资产的运行使其内外部环境不断变化，数据要素的流动使其本身不断变化，业务应用的更新迭代使其涉及的一切都在不断变化，所以数字安全能力也需要随着不断变化的数字业务不断变化，而使其不断变化的关键就是有效的安全运营。

在数字世界中，当组织具备了对威胁进行主动防御的基础能力之后，会自发产生更高阶的需求，目的是有效、合理地控制合规风险及业务风险为组织带来的不可预知的负面影响，即进入以风险驱动为核心的完善调优阶段。

风险驱动的重点是要把握好两个层面。首先是理念层面，即对风险的认知。组织需要具备良好的安全文化，要非常清楚地认识到："风险永远存在，因此要时刻对未知有所准备。而资源永远有限，只有将有限的资源投入最重要的工作，才是应对风险的合理之道。"

然后是技术层面，即对风险的控制措施。对此，数世咨询提出"基于持续风险评估和风险优先级排序"的理念，由此理念衍生出"持续风险评估定义安全运营""数字风险优先级"。前者是指对安全运营效能进行持续性的测试、验证与度量。后者是指对数字资产的重要程度、脆弱性的可利用程度及自身资源的支撑能力和业务紧迫性进行综合性的考量与平衡。

基于持续风险评估和风险优先级排序理念的安全运营包括 5 个要素，即平台、人员、工具、管理和流程，通过这 5 个要素，数字安全能力时刻匹配不断变化的数字业务需求，保证安全能力的有效性。数字安全能力如果与数字业务的需求脱节，组织在数字安全能力相关方面的资源投入将会化为泡影，甚至将阻碍数字业务的发展，给组织带来合规和经济利益上的灾难性打击。

数字安全能力的有效性靠安全运营来实现，而安全运营的有效性，则以持续的安全验证为支撑。安全运营是否让数字安全能力真正做到了时刻匹配不断变化的数字业务需求，是否能承受风险发生的后果，唯一的检验标准就是通过实战化的手段模拟各种可能出现的威胁。

同样，安全运营也需要有效并安全地利用 AI，通过相应场景的专项计算模型对海量安全数据进行处理，提高对威胁与风险的推理和预测能力，可以使安全专家从繁重的工作中解放出来，将精力投入更具挑战性的工作。

安全运营不是纸上谈兵，威胁无处不在，风险一旦发生将会对组织产生实质性的影响。无效的安全运营将会使数字安全能力成为彻头彻尾的花瓶，如果最终数字安全能力与数字业务的需求相悖，会造成不可预知的后果。

2.4 能力图谱

数字安全能力图谱，是由数世咨询核心分析团队根据我国数字安全供需两端的现实情况，结合近 20 年的数字安全供需两端调研经验与专业知识，以数字安全三元论为基础延伸而来的，首次发布时间为 2020 年，截至本书完成时，最新一版的发布时间为 2023 年 10 月。

数字安全能力图谱的前身是数世咨询创始人李少鹏任职安全媒体"安全牛"主编时，于 2016 年主导发布的"网络安全行业全景图"（以下简称"全景图"）。全景图对网络安全行业绝大部分产品、技术和服务概括性地进行总结，目的是便于关注网络安全行业的人士查阅和分享，但全景图本身没有顶层设计的方法论作为框架支撑，还需要进一步进行深度理论思考和逻辑划分。

除了全景图，业内还有很多缺乏逻辑框架，仅靠罗列堆积企业产品目录、产品大全性质的图表，"重数量、轻质量""只堆积不精选""模仿意愿强、原创能力弱"，是普遍现象。例如，某家年收入仅千万元级的供应商，其产品就覆盖了 10 余个类别。而一些综合性的企业则更加夸张，少则数十个多则上百个品类。实际上，将一个安全技术转化成产品，需要研发、人员、销售、市场、客户等方面的长期投入和打磨。一个千万元级年收入的厂商能有两三款主打产品已是极限。

因此，这类大全式的甚至失真的图表，实际上给业界带来了沟通不便、统计不便、采购不便等一系列弊端，违背了分类图谱清晰划分并优选的初衷和本意，即提高了供需双方的试错成本。数世咨询认为，至少在现阶段，对于数字安全的分类图表，构建合理的分类框架的意义远大于名词罗列，优选供应商的价值远大于堆积供应商。

为满足数字中国建设的需要，数世咨询依据数字安全三元论研制出了数字安全能力图谱，不仅方便了关注数字安全行业的人士查阅和分享，更加重要的是支撑基础研究，为各类组织提供数字安全能力建设和数字安全能力建设评估的参考依据。中国数字安全能力图谱（2023 年 10 月发布）如图 2-4 所示。

数字基础设施保护	数字计算环境保护	行业环境安全	应用场景安全	基础与通用技术	体系框架	安全运营	数据安全
物理安全	云安全	公共安全	办公安全	密码	态势感知	攻防演练	数据安全基础设施
网络边界安全		工业互联网安全		身份安全	威胁检测与响应		数据贮存安全
流量安全	移动安全		开发与应用安全	威胁情报	高级威胁防御	安全服务	数据访问安全
端点安全	物联网安全	车联网安全		网络空间资产测绘	SASE		数据开放安全
网站安全		信创安全		攻击面收敛	SSE	运营工具	数据安全服务
区块链安全	IPv6安全	安全保密	互联网业务安全	漏洞与补丁管理	零信任		基础与通用技术
				模拟伪装	数字风险优先级	运营平台	
				生态工具	持续风险评估定义安全运营		

图 2-4　中国数字安全能力图谱（2023 年 10 月发布）

注：数字安全能力图谱（2023 年 10 月发布）全图（包括三级和四级分项）并不适合在本书中展示。感兴趣的读者可以搜索"数世咨询"公众号，关注后可查阅高清完整图片。

其中八大方向分别为数字基础设施保护、数字计算环境保护、行业环境安全、应用场景安全，基础与通用技术、体系框架、安全运营，以及数据安全，将在第 3 章中进行详细介绍，此处不再赘述。

第 3 章

数字安全
能力详解

有关数字安全的新概念、新技术、新产品层出不穷，加之我国与其他国家对这些概念、技术、产品的理解和应用状况不同，使得数字安全技术、产品和服务在名词解释、学术讨论及实践应用中经常出现混乱使用的现象，无形之中增加了时间成本、沟通成本和经济成本。

本章将对中国数字安全能力图谱（2023 年 10 月发布）包含的技术、产品和服务进行详细解释，阐明在我国环境和实践应用中，数字安全技术、产品和服务的内涵，使得在学术讨论和实践应用中，不再出现相关名词的混乱使用和技术逻辑的错误理解的情况。更重要的是，构建一套以我国数字安全实践应用为基础的行业术语，对内为数字中国建设提供基础保障，对外展示数字时代的中国智慧。

为了匹配行业用户的真实生产环境及实践应用过程，对数字安全能力图谱中相应的技术、产品和服务的解释都是数世咨询和该领域中的能力领航者共同给出的。

能力领航者是在该领域中占据市场优势地位或者具备突出技术创新性的数字安全供应商。数世咨询和能力领航者的共同研究，保证了数字安全技术、产品和服务的内涵在理论研究层面和技术应用层面的科学性和准确性。

由于中国数字安全能力图谱（2023 年 10 月发布）包含的技术、产品和服务数量众多且涉及技术广泛，并且由于编者的时间和能力有限，本书只介绍一部分数字安全能力和领航者，其余部分将会在后续内容中陆续向读者展示。

3.1 数字基础设施保护

数字基础设施主要是指算力、网络和应用基础设施，它们是对电子信息进行计算、处理、传输、存储的载体。针对这些实体的保护，数字安全能力图谱划分为 6 个一级领域和 38 个子领域。数字基础设施保护图谱如图 3-1 所示。

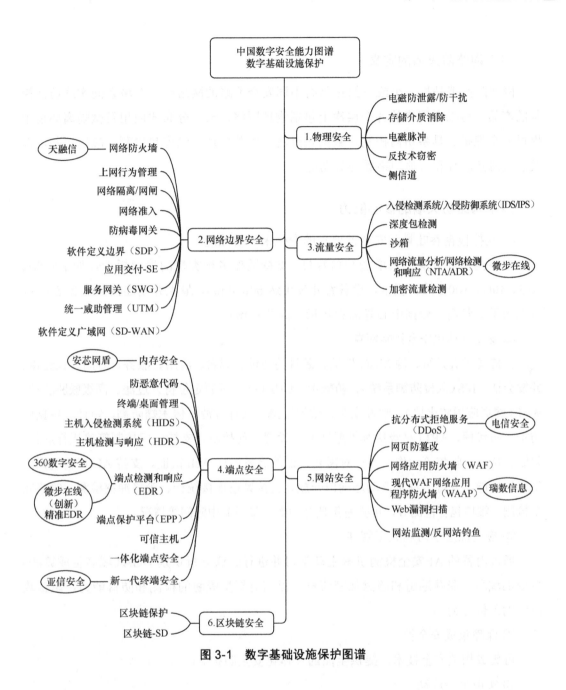

图 3-1　数字基础设施保护图谱

3.1.1　网络边界安全

网络边界安全主要指在安全等级要求不同的网络之间提供访问控制等数字安全能力。

网络防火墙（能力领航者——天融信 TOPSEC）

（1）网络防火墙的定义

网络防火墙是指一个或一组在具有不同安全策略的网络或安全域之间实施访问控制的产品，可以在网络的各个层次上包括物理网络、云、分布式应用及微隔离环境中提供安全保护。具备访问控制、数据包过滤、网关代理、深度包检测、应用控制，以及防范恶意软件和其他网络威胁等功能。

（2）网络防火墙的核心能力

① 支持根据吞吐量和安全性要求的变化来扩展性能

支持根据业务变化来增加端口数量；支持适配多种类型的接口板卡，如1000M、10G、40G、100G 接口板卡，设备吞吐量可达 600Gbit/s、最大并发连接数达 2 亿 / 秒，可应用于运营商、数据中心等高吞吐量、高并发场景。

② 支持一体化安全策略配置

支持基于五元组、源 MAC 地址、源目的地址、域名、应用、服务、时间、长连接、并发会话、IPS（入侵防御系统）、防病毒、URL（统一资源定位符）过滤、高级威胁防护、WAF（网页应用防火墙）、邮件安全、数据过滤、文件过滤、僵木蠕防御、审计、数据库防护、防代理、APT（高级持续性威胁）等设置访问控制。支持访问控制策略执行放行、阻断、认证、收集等动作，支持对需要认证的流量进行 Web 认证。支持 ALG（自动词汇生成）功能，支持多种协议动态端口开放。支持策略连接统计、策略冲突检测、策略冗余检测、策略包含检测等，可查看策略命中数、最后命中时间等情况。

③ 应用深度学习和人工智能

通过内置的 AI 安全检测引擎主动学习并进行关联分析识别 DGA（域名生成算法）生成的域名、隐蔽通道和恶意加密流量，提高对新型威胁的检测和防御能力，阻截攻击者的入侵行为。

④ 保障集成安全性

可集成相关安全技术，提供全面的一体化安全防护。

⑤ 实现全域联动

与其他安全产品联动，提供立体化的全域安全防护方案。

⑥ 支持自动化响应

采用自动化响应和策略编排，根据威胁检测情况，实时动态响应，进行有效处置，调整访问权限，提高网络的安全性。

⑦ 支持云端检测和威胁情报检测

对网内安全产品无法检测和识别的灰色流量，进行云端检测并返回检测结果。可对接多源威胁情报，自动更新威胁情报库，能够对潜在或新出现的攻击手段进行快速检测、响应。

⑧ 支持 SD-WAN 集成

提供对分支机构和远程用户的安全连接和访问控制。

（3）网络防火墙的应用场景

① 保障企业互联网边界安全

提供全面的企业网络安全保护，包括对网络流量的检测防御、网络入侵检测防御、恶意软件防御、网络应用程序防护等功能，保障企业网络的安全性。

② 保障远程办公安全

提供对远程办公的安全保护，包括对远程用户的访问控制、数据加密和安全连接等功能，保障远程办公的安全性。

③ 保障分支机构安全

对分支机构的全面安全保护，包括对分支机构的访问控制、数据保护和安全连接等功能，通过零配置上线等易运维的方式来保障分支机构的安全性。

④ 保障数据中心边界安全

保障数据中心的网络安全，防止未经授权的访问、网络攻击和数据泄露，确保数据的保密性、完整性和可用性。

3.1.2　流量安全

流量安全主要指对网络数据流量进行分析，根据分析结果赋予产品相应的数字安全能力。

NDR（能力领航者——微步在线 　微步在线°）

（1）NDR 的定义

Gartner 所定义的 NDR（Network Detection and Response，网络检测和响应）是指基于对网络流量的分析进行威胁发现与实时响应的技术。该技术能够持续分析原始流量并记录流量，基于规则、模型、机器学习等方式，从威胁、风险及资产等不同视角进行实时监控，检测网络中的可疑流量与真实威胁，并及时进行自动化响应和处置。

（2）NDR 的核心能力

① 从流量中获取元数据的能力

从原始流量中获取数据进行威胁检测，包括收集行为、提取分析及威胁告警。从流量中获取元数据是所有网络类产品具备的基础能力。

② 以事件而非告警的方式呈现威胁

在收集各种数据之后，NDR 具备数据管理能力与自动分析能力，能通过上下文或其他元数据进行关联分析，将告警组织成完整的事件，而非单独的告警。这是与入侵检测系统（IDS）最大的区别。

③ 多样化的检测手段

相比入侵防御系统（IPS）依赖字符串匹配的方式，NDR 产品的检测能力得到了大幅提升。NDR 可以通过情报、规则、模型、机器学习等来检测编码、复杂变形等，特别是实时同步云端情报数据，NDR 可以获得更好的检测效果。

④ 基于流量进行攻击面梳理

基于流量进行内外部资产发现，掌握已面向互联网开放的资产，实时清点网络内外攻击面，包括 IP、域名、服务、框架、应用、API（应用程序接口）、登录接口、上传接口等。NDR 通过评估已发现的攻击面是否存在风险或异常行为，从而确定缓解及补救措施的优先级。

⑤ 自动化响应与处置

通过防火墙封禁或旁路阻断应对黑客攻击等问题，但无法仅通过域名对感染木马病毒的机器进行定位，而需要依据终端信息才能进一步进行处置。因此 NDR 产品需要利用终端等第三方设备进行联动及旁路阻断，以实现自动化响应。

（3）NDR 的应用场景

① 高级持续性威胁（APT）及新型高级威胁的检测与响应

企业及相关单位长期苦于缺乏安全能力及专业设备，无法有效对 APT 及新型高级威胁进行检测。NDR 产品基于高质量的规则、情报、人工智能（AI）算法及事件关联模型，以及全流量检测与分析，能够全方位真实获取攻击事件的所有网络活动，对 APT 及新型高级威胁进行有效检测并及时响应。

② 实战化攻防演练等的威胁发现与应对

攻防演练范围的扩大化及攻防演练的常态化，对关键基础设施等特定行业提出了新的安全要求。NDR 基于全流量检测与分析，具备全方位记录攻击事件，自动发现威胁的能力，能够全面、及时地发现潜在威胁，从云端获取最新攻击情报，提供自动化攻击封堵手段及攻击溯源信息，提升攻防演练场景下的实战化安全能力。

③ 安全人员精力不足，疲于应付海量威胁告警

传统的基于特征匹配的 IDS、IPS，威胁告警量大且无法判断重要或真实威胁一

直是企业安全人员面临的难题。NDR 能够基于流量进行攻击面梳理，以事件的方式呈现威胁，而且能够同步云端最新情报，减少告警量压力，能够及时发现重要及真实威胁。

3.1.3　端点安全

端点安全主要指保障算力终端（主要集中在 Windows、Linux、macOS 及信创操作系统等类型终端）的运行安全。

1. 内存安全（能力领航者——安芯网盾 安芯网盾）

（1）内存安全的定义

内存安全是指基于内存访问行为集和程序执行行为集，在程序运行时通过行为关联分析来识别威胁的安全技术。

内存访问行为监控是一种利用内存虚拟化监控、硬件断点监控、内存断点监控、API 监控等来监控内存的读、写和执行操作的技术。程序执行行为监控基于对程序执行时的敏感行为集的收集技术，通过对行为集的综合行为关联分析来识别威胁。内存安全能从根本上保护系统和程序运行时的安全，它能发现程序运行时遇到的各类恶意攻击并实时响应。

（2）内存安全的核心能力

① 内存保护技术：可在主机内存和 CPU 层实现实时检测、防御恶意程序攻击的技术，通过监控内存访问行为、程序执行行为等进行行为关联分析，以此判断内存访问行为及程序执行行为的合理性，识别出异常内存访问行为或恶意代码攻击行为。内存安全产品能够在应用层、系统层、硬件层提供立体防护，是主机安全保护真正的最后一道防线，因此它提供新一代主机安全产品中很重要的安全能力。

② 攻击链检测与响应技术：威胁攻击的关键行为动作是收敛的而不是扩张的，威胁的消除应该是实时的而不是事后的，威胁的处置应该是智能的而不是人工的，威胁事件的过程记录应该是清晰的而不是模糊的。内存安全产品在内存访问行为监控及系统行为监控层面具有与生俱来的优势，它能有效突破操作系统的限制，确保采集到足够多的信息，基于这些信息能够形成强大的威胁溯源分析能力。

③ 运行时安全技术：通过实时监控应用程序的运行状态、实时发现并阻断 Web 攻击行为，如内存马注册、RCE（远程命令执行）攻击、SQL（结构查询语言）注入、跨站脚本（XSS）攻击、文件包含攻击等，抵御 0day 漏洞利用攻击，保障用户核心业务、应用程序安全稳定地运行，实现真正的运行时安全。内存安全产品可以确保核心业务、应用程序只按照预期的方式运行，不会因病毒植入窃取信息、漏洞触发而遭受攻击，

切实有效保护业务连续性。

（3）内存安全的应用场景

① 关键信息基础设施防护

关键信息基础设施相关网络安全防护措施及设备并不适用于民营企业，民营企业的部分涉密核心网络仍旧存在被恶意渗透的风险，其中主要攻击为恶意后门及远控软件。常规的基于流量特征及日志的检测手段不能有效发现未知或已经完成痕迹隐藏的后门组件。利用内存安全保护，监控内存中的暂态数据，能够有效发现已经完成痕迹隐藏或者使用未知攻击手段的后门及远控组件，完成对涉密服务器的持续性保护。

② APT 攻击防护

APT 组织通过网络钓鱼、无文件攻击、内存攻击等多种手法实现免杀绕过，无法通过使用常规的流量侧、终端侧和主机侧安全防护产品进行有效检测。内存安全指通过调用关键系统和检测寄存器等暂态数据，结合行为分析技术，发现被 APT 组织精心构造过的攻击载荷，实时发现和处置攻击。

③ 勒索防护

企业内部数据被勒索软件发现并加密，通过常规手段难以进行加密前防护和加密后的数据恢复。内存保护技术可以从内存层面监控文件扫描、加密等，可有效判断勒索软件是否对文件系统进行目录遍历，并结合前后敏感行为进行分析，能在勒索软件发生实质危害前及时发现攻击动作并进行实时阻断，可有效保护核心业务数据的安全性。

2. EDR（能力领航者——360 数字安全 ）

（1）EDR 的定义

Gartner 所定义的 EDR（Endpoint Detection and Response，端点检测和响应）是指记录和存储端点系统级行为、使用各种数据分析技术检测可疑系统行为、提供上下文信息、阻止恶意活动并提供修复建议以恢复受影响系统的解决方案。

（2）EDR 的核心能力

① 安全事件检测：EDR 作为一种主动防御的安全工具，需要有主动采集端点安全事件的能力，除系统自身提供的安全接口和采集工具外，应该具备突破系统本身限制，采集更多维度、更底层的端点安全行为数据的能力，来全面检测全网端点上的未知威胁事件的发生，保证所采集数据的精准性和有效性。

② 安全事件分析：针对采集到的端点安全行为数据，EDR 要具备专业的分析能力。需要建立全面的分析规则、具备强大的威胁情报知识来对采集到的端点安全行为数据进行深度分析和研判，从而发现端点侧面临的未知威胁。

③ 安全事件响应：EDR 需具备对发现威胁的端点进行及时、有效的处置的能力。

④ 安全事件溯源：EDR 应能清晰地查看威胁攻击链、攻击上下文，帮助用户精确定位到产生威胁的端点，方便用户总结、分析威胁发生的原因，并给出安全加固方案，避免威胁事件的再次发生。

（3）EDR 的应用场景

① 高级威胁防御场景

0day 漏洞利用、无文件攻击、内存木马等高级威胁难查难防，攻击方式隐匿、复杂且持久化，组织不知道内网到底有没有遭到入侵、何时遭到了入侵，无法追溯源头、全面清除威胁。

EDR 可提供安全即服务的能力，针对 APT 攻击进行检测、分析和处置，通过分析采集到的安全行为数据来判断是否存在远程进程创建、远程注册表创建、文件逃逸等攻击行为，检测 cmd（命令提示符）、PowerShell、wmic（Windows 管理工具）等进程执行不经过硬盘而直接在内存加载的攻击行为。EDR 可通过终端攻击链路图，展示终端侧的高级威胁攻击详情，根据进程上下文信息执行详细攻击溯源，对失陷终端下发处置指令。

② 勒索攻击防御场景

勒索病毒危害极大且种类和攻击手法还在不断增多，常见的勒索攻击手法有暴力破解、发送钓鱼邮件、横向渗透等。传统的被动的防病毒产品只能被动防护已知的勒索病毒，无法根据攻击方式来主动进行攻击检测、防护。用户需要一种能主动检测勒索攻击、防御勒索攻击的工具，以及时发现勒索攻击，遏制勒索病毒的进一步传播，把损失降到最低。

EDR 可检测网络行为、系统行为、进程行为、注册表行为等，收集安全行为数据，将其与安全规则、威胁情报进行碰撞分析，从而判断网内是否有暴力破解、发送钓鱼邮件、横向渗透等勒索攻击行为，并可以对被攻击终端进行隔离、结束进程、封禁终端访问的非法 IP 地址和域名，以此提前、及时发现勒索攻击行为，并防止勒索病毒的进一步扩散。

3. 精准 EDR（能力领航者——微步在线　🐾微步在线°）

（1）精准 EDR 的定义

精准 EDR 是指基于海量威胁情报与终端行为分析，将高级威胁攻击行为作为应对目标，具备精准发现威胁、快速溯源分析、实现智能闭环的能力。

（2）精准 EDR 的核心能力

① 基于行为上下文，结合情报进行关联分析：相对基于特征匹配的机制，精准

EDR 基于海量威胁情报、数据与多种行为，对威胁攻击行为的事件上下文进行关联分析，从而发现威胁。

② 基于图的可视化：将攻击过程以知识图谱等方式进行可视化展示，重点突出显示高风险行为所关联的节点和边。这样即使是普通安全分析师也能快速掌握攻击过程，实现对攻击过程的精准溯源。

③ SaaS（软件即服务）模式 / 本地化大数据架构：需采用 SaaS 模式或者本地化大数据架构（SaaS 模式基于云，具备更强的可扩展计算能力），状态数据、行为数据的存储、溯源分析、策略分发等都在云端完成，且多为云原生架构，支持大规模可扩展，能够及时应对多场景下的不同需求。

（3）精准 EDR 的应用场景

① 攻防演练中的攻击检测与快速响应

针对攻击队的渗透入侵行为，精准 EDR 能够提供快速检测定位与响应阻断的能力。检测定位能力可以发现内网中的暴力破解、提权等常见攻击手法，也可用于发现凭据获取、权限维持（权限持久化）、防御绕过、内网信息收集、隐藏命令控制通信等高级攻击手法，还可对内网横向移动手段中常用的域控攻击、漏洞利用、远程服务暴力破解等方式进行检测。响应阻断能力可以对失陷终端进行快速隔离，同时将失陷情报上报，之后将失陷情报同步至机构所有关联终端，第一时间做到全网响应。

② APT 攻击的检测与溯源

对于 APT 攻击具备团伙化、专业化、武器化等特点，精准 EDR 能够从终端上抓取 APT 攻击检测所需的多种行为数据，包括进程注入、Playload 反射加载、进程挖空等高阶 API 攻击行为事件。此外依托精准 EDR 平台侧的威胁情报收集能力，可以主动将 APT 组织攻击其他同类目标的攻击线索、攻击手法、攻击技巧等转为检测脚本，实现反客为主式的攻击检测与溯源。

③ 高危安全事件的终端定位与分析

根据在其他安全设备上发现的威胁告警，或者设备本身发现的潜在风险，精准 EDR 都可以快速通过终端行为定位到威胁的进程源头，进而通过终端间的网络访问关系确定其关联的并被影响的其他终端，安全管理者可据此快速下发响应策略。

④ 混合办公、多分支办公等场景下的威胁感知

精准 EDR 能够为混合办公、多分支办公等场景提供统一的终端安全视角，能实现接入和保护不同场景下的办公终端，保证对勒索软件、发送钓鱼邮件、APT 攻击、木马外联、恶意软件等在内的多种攻击手法，实现统一的安全检测与响应。基于此，精准 EDR 能够持续采集终端行为数据，为远程终端和分支机构环境提供持续的安全

评估，并通过 API 和 VPN/ 零信任安全网关联动，及时阻断高风险终端入网，从而以统一安全视角实现统一检测、统一响应。

4. 新一代终端安全（能力领航者——亚信安全 ○ 亚信安全 ）

（1）新一代终端安全的定义

新一代终端安全指基于统一的平台，以自适应的方式提升网内终端的风险对抗能力，形成可靠、高效的闭环安全运营解决方案。利用多维度的终端安全能力，构建集预防（网内威胁的分析、预测）、防护（操作系统、应用、数据的防护）、检测（威胁线索的检测及溯源）、响应（源头风险的及时遏制）、恢复功能于一体的全面安全保障体系。

（2）新一代终端安全的核心能力

① 原子化能力：通过能力的原子化、轻量化融合病毒防护、虚拟补丁（VP）、EDR、桌面管理、软件定义边界（SDP）、网络准入等多项能力。同时，可以为不同平台下的终端环境提供安全防护。

② 攻击面管理：从攻击者视角出发，持续发现、评估组织内可被黑客利用的薄弱点，并以数字的方式展示这些薄弱点；基于资产攻击面，通过安全评估模型及漏洞修复动态优先级算法，建立漏洞修复的优先级，以及对修复资源进行合理安排，在攻击发生前快速修复薄弱点，从而帮助组织提升主动防御能力。

③ 一体化治理：建立有效治理体系，摆脱割裂的单点防御方式，在风险洞察、风险评估及响应处置上实现高效联动，解决攻防不对称的问题。以 AI 引擎为核心，强化威胁情报收集能力，同时针对高级威胁攻击在每个阶段所采用的不同手段，从主机行为、流量特征、威胁情报、文件等维度进行防御，提升应对威胁的能力，即优化MTTD（平均检测时间）及 MTTR（平均修复时间）的指标。

（3）新一代终端安全的应用场景

① 终端防护一体化，减少系统资源占用

构建终端安全一体化防护能力，通过一个平台、一个客户端为企业的终端环境提供病毒防护、EDR、桌面管理、SDP（软件定义边界）、VP（虚拟补丁）、网络准入等多项能力，减少系统资源占用，解决业务运行卡顿的问题，高效实现一体化运维处置。

② 检测社工钓鱼攻击风险，根治恶意域名链接

利用平台具备的威胁情报收集能力，通过 EDR 的失陷检测、溯源分析，高效检测社工钓鱼攻击的威胁，通过病毒防护能力快速阻断威胁传播；在终端流量中还原所有域名的访问链接并彻底阻断恶意域名的外联行为，达到根治恶意域名链接的效果。

③ 高效防护勒索攻击，减少企业损失

通过威胁情报收集、攻防对抗、机器学习、检测响应等能力，从终端文件、性能、进程、行为等维度，多维度评估网络中存在的已知、未知攻击风险，并利用自身构建自适应框架体系，从事前检测、事中防御、事后应急 3 个阶段快速、有效地防护勒索攻击，减少损失。

④ 结合 AI 技术，实现高效运营

结合 AI 技术和运维工具来加固整个终端安全系统，最大程度地减少暴露面，预防可能存在的安全风险和可能出现的数据泄露事件。建立漏洞修复算法，提升传统单个漏洞修复效率，在应对风险事件时，智能推荐处置措施，具备自动化处置、一键处置策略，让运维人员从容应对风险。

3.1.4 网站安全

网站安全主要指网络中有关 Web 应用的安全。

1. 抗 DDoS（能力领航者——电信安全 ct² ）

（1）抗 DDoS 的定义

抗 DDoS（分布式拒绝服务）是指利用多种手段防御 DDoS 攻击的解决方案，如抗 DDoS 流量清洗、高防 IP 等近目的防护方式，以及 DDoS 原生清洗等近源防护方式。

（2）抗 DDoS 的核心能力

① 实时监测：发现并收集互联网中的 DDoS 攻击行为，具备秒级预警能力，并对攻击事件的详细信息进行数据汇聚。

② 精准识别：秒级分析研判攻击事件，精准识别网络攻击，包括攻击规模、攻击类型、攻击源、攻击目的等信息。

③ 快速处置：根据实时监测及精准识别信息，依托在全球威胁情报和态势感知矩阵中构建的高效防护处置策略，联动全球资源对攻击流量端实现近源清洗、封堵及秒级全网压制等处置措施。

④ 测绘分析：深度测绘僵尸网络，提取僵尸网络攻击发起源的控制端、被控主机、访问行为等信息，结合对僵尸网络样本的捕获、研判，逆向分析僵尸网络控制及通信原理，针对攻击发起源的恶意攻击行为生成攻击画像。

⑤ 机器学习：依托全网实时监测数据及攻击画像，学习新型 DDoS 攻击技术并研判新型特征节点；主动监测攻击行为、截获攻击流量，实现提前预警，进一步推算出 DDoS 反射攻击规模、控制端分布，并统计攻击者的攻击资源、攻击技术手段、攻击特点等。

（3）抗 DDoS 的应用场景

① 防护配置策略多

抗 DDoS 攻击的配置特点是复杂性和多变性。配置一个有效的抗 DDoS 系统需要深入了解网络架构、攻击类型和安全机制，综合考虑多种参数和规则，以适应不断变化的攻击方式。鉴于网络环境和攻击情况的动态变化性，使用固定的配置不能一劳永逸，需要持续监控和调整配置，这进一步提升了配置的难度。与此同时，预算、人力和硬件等资源的限制可能影响企业配置高效且全面的抗 DDoS 攻击策略。

② 监测处置响应慢

关键信息基础设施和各行业用户的在线业务常因恶作剧、商业竞争、敲诈勒索、政治因素、会议赛事、信息泄露和其他原因遭受 DDoS 攻击，因此需要能够快速有效实现对 DDoS 攻击监测、信息收集、预警、信息分析、研判、处置的闭环机制，构建针对国内外 DDoS 攻击流量的全球联动防护屏障，助力保障关键信息基础设施和重要业务系统的稳定运行。

③ 海量攻击防护难

面对有组织、有目的的海量每秒太比特级攻击，传统的近源防护方式和近目的防护方式难以起到有效的防范效果，亟须构建针对骨干网、城域网的 DDoS 攻击流量的二级联动防护机制，可随时清洗海量每秒太比特级攻击，从而极大提升应对 DDoS 攻击的防御能力。

④ 分析溯源取证难

业务遭受攻击并造成财产损失，无法及时得到全面、有效的攻击来源作为举证依据，因此亟须获得攻击事件发生后的官方权威攻击画像，以分析数据，向司法机关举证并实现对后续 DDoS 攻击的预判和预警，识别攻击事件的技术特征，感知 DDoS 攻击活动的源、类型、规模、攻击手法和技术特征等，实现对 DDoS 攻击发起者和其他涉及人员的追诉。

2. 现代 WAF/WAAP(能力领航者——瑞数信息 🔹瑞数信息)

（1）现代 WAF 的定义

现代 WAF 是指一种保护 Web 应用程序的综合性解决方案，它与 WAF 最大的区别在于支持不限于规则的防控策略（语义分析、动态令牌），支持虚拟化部署，支持与其他安全资源和产品的协同联动。

除 WAF 常用场景外，还主要支持 API 保护、Bot 防护等新型业务场景。

（2）现代 WAF 的核心能力

① Web 应用程序防护：Web 攻击防护、CC（挑战黑洞）攻击防护、漏洞虚拟补丁、

网页防篡改、访问合规性检测等。

② Bot 管理：支持 Bot 识别、防护和行为管理，可以对恶意 Bot 进行甄别处理。

③ API 安全防护：在 API 资产识别的基础上，对 API 运行状态、异常访问行为、敏感信息和安全攻击进行监测，从而实现全方位管控 API 资产。

④ 动态安全技术

a. 动态封装：随返回网页动态封装一段 JS（JavaScript）代码，该 JS 代码完成与机器人防火墙的通信及浏览器侧运行环境验证等功能的执行。

b. 动态验证：通过对客户端与服务器的动态双向验证，防止恶意终端访问，且每次均随机选取检测的项目与数量，以提升应用的不可预测性。

c. 动态混淆：对网页上敏感的传输数据进行动态混淆，主要包括 Cookie、Post Data、URL 等，抵御伪造请求、恶意代码注入、窃听或篡改交易内容等攻击行为。

d. 动态令牌：对当前访问页面内的合法请求地址授予在一定时间内一次性动态令牌，抵御越权访问、网页后门攻击、重放攻击、应用层 DDoS 攻击等恶意攻击行为。

⑤ 底层联动：核心能力之间实现数据共享、攻击联防。底层联动性体现在，可从可编程性、报文统一检测、数据共享、联防联控 4 个方面进行调度。

⑥ 主动防御和 AI 引擎：以客户端验证技术为核心，实现 Bot 识别、客户端环境验证、客户端操作行为验证。利用 AI 引擎及流量学习、行为分析、机器学习等技术，结合第三方漏洞库、威胁情报等信息，发现高度隐蔽的攻击。

（3）现代 WAF 的应用场景

① 恶意网络爬虫防护

随着网络爬虫技术的不断发展，使用传统反爬技术已经无法达到预期效果。现代网络爬虫技术可以模拟正常业务操作逻辑，绕过现有验证码、黑名单等防护。因此，用户可以采用现代 WAF 有效识别和阻止各类爬虫工具的攻击，保护数据资产，保障正常的业务运行和数据服务进行。

② API 安全风险管控

近年来，越来越多的攻击者正利用 API 来实施自动化的"高效攻击"，其引发的数据安全事件严重损害了相关企业和用户权益。通过现代 WAF 对 API 安全风险防御能力与 AI 的智能数据分析能力进行全面融合，有效控制 API 相关风险。

③ 资源抢占防护

相比传统的 Web 系统，App、Web、H5、小程序等多元化的访问方式和来源，带来了多元化的安全挑战，除了传统 Web 安全漏洞，攻击者的攻击手段已扩展到"薅羊毛"、恶意爬虫、利用恶意程序来抢票和"秒杀"等更具经济利益的资源抢占类攻击。通过现代 WAF 可以与用户现有风控系统进行多维度联动，构建一体化应用安全防护体系。

3.2　数字计算环境保护

数字计算环境是指以现象级新兴数字技术为主要特征的各类计算实体的集合，进而形成的数字计算环境。针对这些数字计算环境的保护，数字安全能力图谱划分为个 4 个一级领域和 17 个子领域。数字计算环境保护图谱如图 3-2 所示。

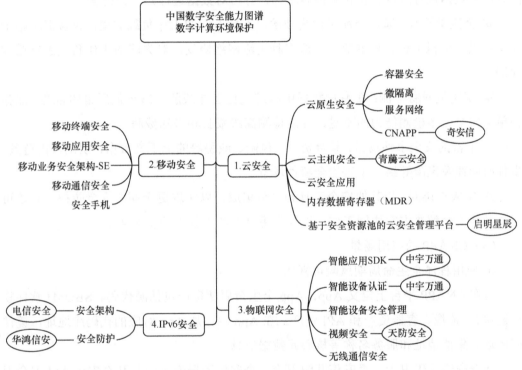

图 3-2　数字计算环境保护图谱

3.2.1　云安全

云安全主要指保障或利用云计算技术与架构的数字安全能力。

1. CNAPP（能力领航者——奇安信）

（1）CNAPP 的定义

CNAPP（Cloud-Native Application Protection Platform，云原生应用程序保护平台）是 Gartner 定义的技术概念，它能满足云原生应用程序从开发到上线的全生命周期安全保护需求，在现代 DevOps（过程、方法与系统的统称）风格的开发组织中，集成了跨开发和运营的模块和测试功能，具有可见性，以抵御云原生应用程序开发和部署复杂性提升而导致的意外风险。

（2）CNAPP 的核心能力

① 全生命周期安全管理：对云原生应用程序全生命周期涉及的安全风险和威胁信息进行统一管理，并对多元异构数据进行关联分析，从而提供有效、丰富的告警上下文信息。

② 海量数据采集和存储：整合不同的安全工具后，会有大量的孤立、分散的告警信息，因此需要平台能支持多种数据源的数据采集，包括 Syslog（系统日志）、DB（数据库）、SNMP（简单网络管理协议）、Netflow（网络流）、API、镜像流量、文件等，同时能对数据进行过滤、富化和内容转译，并可对数据进行归一化处理。

③ 全流量检测：通过全流量检测技术，支持不同的工作负载类型，包含但不限于物理主机、虚拟主机、容器等。还原多种主流网络协议，对失陷的工作负载进行精准检测。

④ 高质量威胁检测：在海量数据中精准定位已知威胁，减少低质量的告警；能弥补单点安全设备检测能力的不足，深度检测高级威胁和未知威胁。

⑤ 丰富的安全事件场景：整合资产、风险、威胁等的上下文数据，明确攻击链条、事件时间线及风险等级，丰富安全事件场景。

⑥ 集成与协同：与其他安全工具和平台集成，以实现更全面的安全防护。它还可以与其他安全解决方案协同工作，以提供更高效和更强大的安全防护。

（3）CNAPP 的应用场景

① 应用程序全生命周期风险可视化

可在 CNAPP 平台上定义 App，App 全生命周期资产包括源代码、SBOM（软件物料清单）、镜像、容器资产和 API 资产。在 App 中添加 App 对应的代码库地址，镜像库地址、集群地址和服务名称等核心元数据信息。

从奇安信代码卫士、奇安信开源卫士、奇安信容器安全产品和奇安信 API 安全卫士等第三方安全工具中采集数据，数据包括资产信息和风险信息，并根据元数据进行匹配关联，以得到每个 App 对应的资产信息和风险信息。

② 开源软件全生命周期管控

安全部门制定云原生应用程序安全开发流程规范，并在 CNAPP 平台上制定开源软件和开源镜像的准入基线，下发给奇安信开源卫士等安全工具。

开发部门因业务需要向运维部门提出引入开源软件和基础镜像的需求，运维部门负责开源软件和基础镜像的更新维护，在满足开发部门需求的同时要满足安全部门制定的准入基线要求，并设置定期进行安全扫描和软件更新等操作，以持续保障基础镜像安全。

开发部门根据安全部门制定的安全开发流程规范，基于运维部门提供的基础镜像构建自己所需的业务镜像，并满足业务镜像的基线准出策略，当基础镜像因为存在安全漏洞需要更新时，运维部门需要通知业务部门更新受影响的业务镜像。

2. 云主机安全领域（能力领航者——青藤云安全 青藤云安全 ）

（1）云主机安全的定义

云主机安全是一种专门设计的用于保护云端资产安全的网络安全产品，通过利用云技术实现可扩展性、提供工作负载感知能力等手段，对云工作负载进行风险评估和安全状况监控。支持多云和混合云环境下的统一策略管理，可通过 API 与云环境无缝集成，采用主动防御和威胁情报收集等手段增强检测能力，提供全方位的检测技术栈等。

（2）云主机安全的核心能力

① 基于自动化技术的细粒度资产构建：从运行环境中，云主机安全产品反向自动化构建主机业务资产结构，上报中央管控平台，集中统一管理。

② 基于 AI 增强技术的风险发现：该能力不依赖正则匹配，将动态检测方法和 AI 推理相结合，既能有效解决新型 Web Shell 的变形和混淆导致的难检测问题，又能解决传统检测引擎中执行分支路径不确定的问题，最终将 Web Shell 有效地等价还原成最简化的形式，然后根据 AI 推理发现 Web Shell 中存在的可疑内容。

③ 基于多锚点入侵检测的入侵行为发现：通过多维度的感知网络叠加能力，对攻击路径的每个节点进行监控，并提供跨平台的多系统支持能力，保证了能实时发现失陷主机，对入侵行为进行告警。

（3）云主机安全的应用场景

① 新高危漏洞的快速应急检测

传统漏洞扫描产品对资产的覆盖深度和覆盖广度不足，导致检测准确率不高。基于 Agent 方式可快速完成全部扫描，在查到某机器上存在某个漏洞后，可迅速知道负责这台机器的用户。

从之前攻防演练来看，攻击队利用了 Weblogic 反序列化漏洞、JBoss 远程代码执行漏洞、Apache Axis 远程命令执行漏洞等多个 0Day 漏洞进行攻击。通过云主机安全产品可以快速进行响应，绝大部分漏洞都可通过资产识别直接定位，对于无法识别的漏洞，通过编写检测脚本将其配置到检测系统中。

② 检测未知手段的入侵行为

云主机安全产品可以重新定义检测引擎，通过生成很多内在指标，并且对这些指标持续进行监控和分析，无论黑客利用了什么漏洞、使用了什么工具和入侵方法，都会引起这些指标的变化从而被检测出来。它还能够提供自动化响应级别的沙箱，把任何样本丢到沙箱内部，沙箱都会自动输出一个处置规则。以挖矿为例，只需将这个处置规则导入系统就可以将全自动化挖矿病毒清理干净。

③ 应对等级保护合规检查，落实企业基线要求

对于上级或者有关监管部门的检查，云主机安全产品可以自定义基线功能，对于不同的检查基准，灵活制定不同强度的检查标准，提前自行制定自查策略，及时整改，以满足不同检查场景的需求。它能够在半小时之内分析清楚数万台机器的基线，对于不符合要求的检测项，提供代码级的修复建议。

3. 基于安全资源池的云安全管理平台（能力领航者——启明星辰 启明星辰）

（1）基于安全资源池的云安全管理平台的定义

基于安全资源池的云安全管理平台是指以云计算和大数据技术为核心，采用软件定义安全架构，将安全能力云化、整合，并以具有弹性和按需的方式提供，具备统一管理能力、统一监控能力、编排和自动化能力的云安全管理平台。

（2）基于安全资源池的云安全管理平台的核心能力

① 虚拟化：通过资源管理技术，将计算机的各种实体资源抽象、转换后呈现，分割、组合为一个或多个计算机配置环境，用于承载云安全资源池中的各类云化安全组件。

② 软件定义安全：将安全设备和安全功能解耦，底层由基础设施资源支撑，上层通过软件编程的方式进行智能化、自动化的业务编排和管理。

③ 服务链编排：以基础网络、计算机硬件环境为载体，以虚拟化为基础，将传统的物理网络功能抽象出对应的模型，形成三层显式编排技术或二层透明编排技术。

④ 云安全态势感知：以安全大数据为基础、以威胁情报数据为支撑，从全局视角对安全威胁进行发现识别、理解分析、响应处置，并以态势感知大屏进行呈现。

⑤ 多云安全管理：通过多云对接、多安全资源池统一管理和分级管理能力，实现多云平台安全能力资源化、安全资源服务化。

（3）基于安全资源池的云安全管理平台的应用场景

① 私有云安全管理场景

基于安全资源池的云安全管理平台可为私有云环境提供安全防御能力、安全检测能力、安全审计能力和安全管理能力等，并结合统一管理、灵活部署、弹性扩容等特性，提升运维效率。

② 行业云/专有云安全管理场景

根据云租户业务的安全需要和云安全责任划分边界，行业云服务商要为云租户提供可选安全服务，满足租户对云安全的需求。基于安全资源池的云安全管理平台为云服务商提供云安全能力，也为云租户提供按需选购的安全服务能力，满足云租户的业务和数据安全需求。

③ 混合云 / 多云场景

大型客户采用的云平台往往是多云平台，甚至云平台是分布在多地的，混合云 / 多云场景成为趋势。云安全管理平台针对混合云 / 多云场景，除了支持多区域、多安全资源池的统一管理，还支持多云对接纳管和分级管理，更好适配混合云 / 多云场景，面向多个不同的云提供安全能力，实现云内安全策略统一配置，保持安全能力一致、多云安全统一管理，构建混合云 / 多云场景下全栈保护的云安全能力。

④ 云安全运营场景

在云环境中，由于集约化与虚拟化等特点，资产、脆弱性的管理变得集中且复杂，而威胁的影响被放大。在云数据中心的安全设备会产生大量的安全日志和安全威胁告警，面对这些海量安全数据，需要对它们进行存储、范式化，并进行有效关联分析及安全态势呈现。基于安全资源池的云安全管理平台具备的强大云安全运营能力，通过对总体安全态势、云租户安全态势、网络攻击态势、资产安全态势和脆弱性态势等态势的感知能力，结合安全分析师，通过安全运营门户对安全事件进行有效安全运营。

3.2.2 物联网安全

物联网安全主要指保障或利用物联网协议、技术与架构的数字安全能力。

1. 智能设备 SDK(能力领航者——中宇万通)

（1）智能设备 SDK 的定义

智能设备 SDK 是指用于智能设备认证的软件开发工具包，是智能设备认证的主要方式之一。通过应用智能设备 SDK，能够搭建安全可靠的物联网架构及应用体系。

（2）智能设备 SDK 的核心能力

① 密钥及证书管理：能够为物联网设备提供密钥生成、全生命周期管理及基础密码运算能力。能够为物联网设备提供数字证书的申请、更新等功能，以及基于数字证书的密码应用能力。

② 链路加密：支持为物联网设备提供建立国密标准加密链路的能力，支持国密算法与国密安全芯片，能够通过数据加密技术来保护物联网系统和应用中的敏感数据，以防止未经授权的访问和数据泄露，保证数据在传输过程中的安全性，提高数据的机密性和完整性。

③ 硬件隔离：支持与各种硬件密码模块、密码芯片集成，为物联网设备管理程序提供统一的密码接口，并且支持同一设备兼容多种操作系统，当同一设备上运行了多个不同的操作系统或系统环境时，智能设备 SDK 能够及时进行系统隔离操作，以防止敏感数据和代码被其他程序或进程访问，防范潜在的安全风险。

（3）智能设备 SDK 的应用场景

① 物联网设备身份可信认证

智能设备 SDK 能够通过数字证书或专有协议等认证方式来验证设备身份，实现物联网设备身份可信认证，保障物联网设备之间的安全通信和数据交换，确保设备的合法性和安全性。

② 物联网安全组网

智能设备 SDK 能够通过 SSL/TLS（安全套接层协议 / 传输层安全协议）实现在物联网设备与平台之间建立国密标准加密链路，传输通信数据，确保设备之间的通信安全，防止恶意攻击者对数据进行窃取或篡改，提高数据传输的机密性和完整性。

③ 物联网设备关键信息的签名、验签

智能设备 SDK 能够实现对物联网设备关键信息进行签名、验签，通过加密算法和密钥对物联网设备上报、下发的关键信息进行签名、验签操作，以验证其身份和数据的完整性，并且可定期更新设备的签名密钥对，以防止密钥被破解或盗用。

2. 智能设备认证（能力领航者——中宇万通 ▼ 北京中宇万通科技股份有限公司 BEIJING ZHIYU TECHNOLOGY CO. LTD.）

（1）智能设备认证的定义

智能设备认证是指基于密码技术、数字证书、设备硬件指纹特征识别、用户生物特征识别等认证方式，验证智能设备及用户的身份，防止智能设备被篡改或仿冒，实现接入物联网平台的智能设备与物联网平台之间稳定可靠的双向通信。

（2）智能设备认证的核心能力

① 基于设备身份的接入授权管理：为接入物联网平台的智能设备进行身份授权，对智能设备的访问权限及操作行为进行定向匹配与限制，并进行安全审计和监控，保证设备行为合法且符合安全策略，确保智能设备认证的有效性和安全性。

② 设备硬件指纹及生物特征识别：支持智能设备通过对比指纹、掌纹、虹膜等生物特征来进行身份认证。通过智能设备的内置传感器和摄像头等进行特征采集与比对，可对设备的软硬件属性和行为属性进行快速识别，为每一台入网设备生成防假冒、唯一的硬件指纹（设备标识符），实现身份认证，防止非法设备接入网络，提高智能设备认证的可靠性。

③ 安全通信：智能设备与物联网平台进行数据通信时，使用的通信协议需要支持基于身份认证结果进行数据通信，验证设备的身份，提供端到端的安全连接，实现设备接入，并且实现轻量级连接，智能设备认证通过后与云端建立安全连接，确保设备之间的通信安全，以及保护数据的机密性和完整性。

（3）智能设备认证的应用场景

① 智慧物联

智能设备认证能够全面应用于物联网安全领域中，如工业互联网、智慧交通网、移动终端等，可实现智能设备统一接入管理，并支持第三方集成服务，能够提供完善且丰富的应用生态，满足千行百业的个性化需求，实时监控并提高数据通信质量，提升设备运维效率。

② 抵御未经授权的访问

智能设备认证可应用于访问控制、角色管理、协议保护等场景中。通过为不同角色分配不同的权限，实现对资源的精细控制，确保只有具备相应权限才能访问敏感信息或执行特定操作，在防止非法访问和数据泄露的同时，还可以对设备的身份进行验证，确保设备属于授权用户或组织，有效地保护智能设备的安全性和稳定性。

3. 视频安全（能力领航者——天防安全 ）

（1）视频安全的定义

视频安全是指保护视频内容、视频设备和视频系统在视频内容的传输、分发、观看和分析等过程中不被非法入侵、篡改、破坏或泄露的一系列措施和技术手段。

（2）视频安全的核心能力

① 数据加密：使用加密密钥、加密算法或专用硬件芯片等，实现在传输、存储视频数据的过程中的加密防护，确保视频数据的机密性，防止视频数据被非法获取和篡改。视频数据的加密应符合国密要求及相关标准。

② 用户身份认证：在视频设备进行通信或访问视频资源的过程中，对访问视频设备或视频资源的用户身份或设备身份进行鉴别与验证，确保只有被授权的用户或设备可以访问，防止未经授权的访问。常见的身份认证技术有数字证书、Kerberos（一种身份认证协议）等。

③ 访问控制：在对视频设备或视频资源进行访问的过程中，对设备或人员的访问权限进行控制管理的技术。用于限制用户的访问权限，防止非法用户对系统资源的滥用和对系统的攻击。

④ 入侵检测和防御：监视和分析系统、网络和应用程序等的资源使用情况，以及检测未经授权的访问和异常访问行为，并采取相应的防御措施，及时应对各种安全威胁，保护系统和网络免受恶意攻击和数据泄露等威胁。

⑤ 安全审计和日志管理：从设备、系统或网络等不同层面，对视频设备或视频资源的访问和操作行为进行全面记录，并保存相关日志数据，以分析安全管理策略的合理性，或提供针对安全事件的追踪溯源。

（3）视频安全的应用场景

① 前端设备安全

在视频监控网络中，前端设备的部署数量较多且位置分散，很多设备使用默认账号密码或者弱口令，固件漏洞得不到及时修复，且在大多场景下存在运维能力不足的情况，致使视频监控网络非常容易被非法接入、替换，其漏洞也容易被利用。

② 视频系统安全

视频系统是视频内容查看、视频信息采集、视频数据交换的核心枢纽，普遍存在着大量操作系统常见漏洞和监控业务平台的特有漏洞，缺乏对内部用户的权限管理，存在部分用户非法导出视频、重要资料泄密等安全风险。

③ 边界安全

在视频监控网络需要与其他网络进行数据共享时，特别是对于某些通过互联网的共享视频流，需要严格关注边界安全问题。例如，严格控制映射到互联网的端口数量，尽可能避免映射管理端口、高危端口，使用白名单机制限制访问源或者使用虚拟专用网络（VPN），提升监控网络的安全性。

3.2.3 IPv6 安全

IPv6 安全主要指保障或利用 IPv6 协议与架构的数字安全能力。

1.IPv6 安全架构（能力领航者——电信安全 ${cc^2}$ 电信安全 ）

（1）IPv6 安全架构的定义

IPv6 安全架构是指针对 IPv6 面临的各种安全风险，基于"安全三同步"理念，将安全防护措施贯穿于 IPv6 规划、建设、运维、优化各阶段，构建一整套安全纵深防御体系。

（2）IPv6 安全架构的核心能力

① 协议安全：从继承 IPv4 协议安全、IPv6 协议安全、过渡机制安全 3 个方面，全面分析安全问题、提出威胁应对方案。

② 设备安全：对防护设备、检测设备、监测设备的升级改造需求进行分析，提出匹配 IPv6 环境的设备安全改造要求。

③ 业务安全：对业务类型进行典型划分，如 DPI 类、上网日志类、一般业务类等，提出业务安全改造要求、测评要求。

④ 管理安全：在资产暴露面检测、信息安全管理、威胁情报分析等方面，分析安全风险并提出管理措施。

（3）IPv6 安全架构的应用场景

全面启动 IPv6 安全体系建设。在 IPv4 到 IPv6 过渡期间及 IPv6 的全面普及期间，构建和完善网络信息安全管理体系，与产业链上下游的各方一起强化技术攻关、生态建设，共同确保 IPv6 网络信息安全可管可控。

① 建立 IPv6 地址 / 地址段的安全管理机制与流程，保障 IPv6 地址的安全使用与管理。

② 构建 IPv6 防护体系与技术标准。分析 IPv6 地址的分级保护需求，研究多层次地址安全防护、地址隐藏等技术，确保重要系统的地址安全防护。

③ 加快设备的升级改造。与设备商、安全厂商共同研究设备与产品升级方案，形成技术标准，满足 IPv6 业务发展需要。

④ 开展 IPv6 安全测评技术攻关。目前业内针对 IPv6 安全的测评技术还不够成熟，缺乏专项测试工具，应促进实现安全测评手段的标准化和成熟化。

⑤ 加快研究 IPv6 地址安全扫描技术。探索高效扫描机制以适应 IPv6 网络的超大规模地址空间。

⑥ 研究 IPv6 的互联网资产暴露面管控机制。结合 IPv6 地址分配、管理、使用的制度要求，制定互联网资产暴露面报备相关的制度规范。研究改进 IPv6 网络中的安全态势感知和威胁情报收集体系，适应 IPv6 环境下的资产暴露面管控需求。

2．IPv6 安全防护（能力领航者——华鸿信安 ）

（1）IPv6 安全防护的定义

IPv6 安全防护是指，在 IPv6 环境下应对 IPv6 协议簇、新应用、新架构带来的安全风险，以及针对 IPv4 向 IPv6 过渡期涉及双栈技术、隧道技术和翻译技术等存在的特有安全风险的解决方案。

（2）IPv6 安全防护的核心能力

① IPv6 地址分配管理：主要针对目标 IPv6 网络，进行 IPv6 可溯源地址生成、有序分配与集中精准高效管理。

② IPv6 终端安全：对接入的 IPv6 终端进行健康检查和安全管理。

③ IPv6 准入控制：保证目标单位分支机构和用户终端的可信接入，控制用户的访问权限。

④ IPv6 资产发现：对 IPv6 网络中存在的子网、设备、服务、主机等 IPv6 网络资产进行探测发现，发现目标网络中的存活设备及主机所使用的 IPv6 地址、开放的端口与服务、使用的操作系统等信息，并对这些 IPv6 网络资产进行管理。

⑤ IPv6 漏洞扫描：对 IPv6 网络设备、终端及防护设备的漏洞进行扫描和发现。

⑥ IPv6 边界防护：检测并过滤 IPv6 外网对内网的恶意行为，并封堵 IPv6 内网中不安全的服务与应用。

⑦ IPv6 安全监控：通过收集、检测和分析，监控并掌握 IPv6 网络内的恶意与非法行为。

⑧ IPv6 主动防御：通过不断变换 IPv6 网络与系统特性（如地址、端口、拓扑），限制脆弱性暴露、欺骗攻击视图、增加攻击成本。

⑨ IPv6 安全管理：对 IPv6 网络的资产、人员和安全设备的管理，支持 IPv6 系统管理、安全事件管理、审计日志管理、脆弱性管理、资产管理、情报及预警管理、工单管理等。

（3）IPv6 安全防护的应用场景

全面推进 IPv6 商用部署，有效满足 IPv4 与 IPv6 共存与过渡网络或新建 IPv6 网络的安全防护需求，支持 IPv4 网络向 IPv6 网络的平滑与直接过渡。

立足于 IPv4 与 IPv6 在相当长的时期将共存的基本态势，综合采用纵深防御、主动防御、欺骗防御、内生安全等先进防御理念，针对 IPv6 基础支撑与拓展应用协议机制、不同 IPv6 协议栈的实现、IPv4 与 IPv6 各类过渡机制、网络互联转发设备部署及配置、网络安全防护设备配置等存在或可能存在的安全缺陷与安全风险进行全方位防护。

3.3 行业环境安全

行业环境安全是指自身行业具有属性非常突出的安全需求，数字安全能力图谱将其划分为个 5 个一级领域和 18 个子领域。行业环境安全图谱如图 3-3 所示。

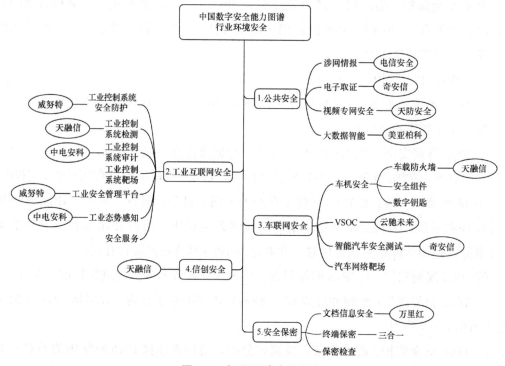

图 3-3　行业环境安全图谱

3.3.1　公共安全

公共安全主要指公安行业涉及的数字安全能力。

1. 涉网情报（能力领航者——电信安全ct²电信安全）

（1）涉网情报的定义

涉网情报是指通过对网络犯罪团伙的技术工具与犯罪行为进行溯源、打击，提供包括但不限于流量发现识别、App 识别、威胁情报收集、安全事件分析等服务。

（2）涉网情报的核心能力

① 案件服务、溯源与线索收集：针对已立案的案件进行网络流量回溯、解析，挖掘受害用户、嫌疑人账号及涉案网站数据等信息，并对国内嫌疑人 IP 地址和宽带账号等信息进行查询、锁定等一系列数据分析和溯源服务，并最终形成报告。

② App 报文拆解

a. App 应用深度解析：对 App 包体进行拆解、分析，获取 App 的文件名、包名、版本、大小、散列值等基本信息，并通过逆向手段获取 App 的内部代码和资源信息，同时对加壳 App 等采用了保护措施的 App 主动进行自动化脱壳操作，提供全方位获取 App 相关信息的能力。

b. 地址溯源：通过在真机或模拟器上动态运行 App 并自动化遍历各项功能，实现 App 全功能触发，并采用抓包的方式获取 App 的网络数据包，分析 App 涉及的 IP 地址、域名和 URL，同时智能识别并过滤第三方 SDK 产生的链接，实现精准匹配服务端地址。

c. 相似度分析：对于应用程序的 APK 文件，通过反编译搜索获取目录层次结构，并通过选取合适的抗混淆应用程序特征，实现应用程序相似性检测，最终实现对重打包的恶意 App 的检测。

③ 预警拦截

a. 预警功能：对接黑样本库，智能生成预警策略，下发网关监测策略。根据 IP 地址和域名调用大网监测功能对访问进行记录和上报，提供面向客户的监测预警功能。

b. 拦截功能：对接黑样本库，智能生成拦截策略，并通过接口下发策略，再以细路由、大网 DPI（深度数据包检测）或 SDN 网关的方式，拦截对目标网站的访问请求，并生成拦截日志。

④ 威胁情报发布与预警：基于对网络犯罪团伙技术手段与业务路径的精确刻画，积累相关知识信息，在公网范围内积极发现与识别技术威胁，并结合运营商账号信息

数据，实时对内发布威胁情报信息，提高企业安全水平。

（3）涉网情报的应用场景

① 案件溯源分析场景

从流量监控、安全分析、威胁情报收集等多技术角度切入，运用网络流量调度、大数据分析汇聚等能力，结合技术团队在涉案技术模型的构建、在业务手法上的刻画提炼，对网络犯罪团伙进行发掘溯源，为执法机关、监管部门、企业需求方提供有力线索。

② App 深度解析场景

根据公安机关提供的涉案网站、App 样本信息，对 App 报文进行拆解，提取后续相似度分析所需的各项特征，并提交数据分析报告支撑公安机关倒查涉案 App 的技术和运营团队。

③ 涉案网站 /App 预警拦截场景

将预警拦截功能整合到其他安全产品中，通过接口下发策略，对涉案网址与 App进行预警拦截，降低用户受害风险。

2. 电子取证（能力领航者——奇安信 奇安信）

（1）电子数据取证的定义

电子取证是指使用科学的方法，对从电子数据源获取的证据进行识别、保护、检查与分析的过程，有助于重构犯罪事件或识别非授权性事件。

（2）电子数据取证的核心能力

① 数据采集：对各类不同型号接口的适配，如手机等的 Type C 接口和 Lightning接口等，硬盘的 SATA（串行先进技术总线附属接口）接口、M.2 接口和 U.2 接口等。物联设备尚未形成统一标准，存在 TTL（晶体管 - 晶体管逻辑）接口、eMMC（嵌入式多媒体卡）接口和 SPI（串行外围设备接口）等。

② 数据解密：包括系统密码绕过、文件密码破解、手机解锁等。根据加密方式的不同，需要具备对如指纹加密、人脸加密及虹膜加密等的解密方式。

③ 数据解析：包括操作系统解析和应用软件解析两个方面。主要对传统的计算机设备、手机、物联终端、智能汽车的操作系统进行解析，并从上层应用软件中解析出有价值的数据。

④ 数据恢复：当存储介质损坏，导致部分或全部数据不能被访问、读出时，通过一定的方法和手段重新找回数据，使信息得以再生。

⑤ 数据仿真：通过虚拟机技术实现对物理介质的迁移和转换，并在虚拟系统环境中实现对电子数据的动态取证分析。除了传统针对计算机和手机的仿真，还需具备硬

件仿真等技术，完成汽车取证等领域中的数据仿真工作。

（3）电子数据取证的应用场景

① 刑事案件的侦查取证和诉讼

刑事案件的侦查取证一般由公安机关、国家安全机关和检察机关完成。这个领域也是我国电子数据取证的技术标准和规范比较完善的领域，采用的技术手段和装备较为先进。

② 民事案件的举证和诉讼

民事案件涉及电子数据的提取、分析和鉴定，一般由举证方提出，由具备司法鉴定检验资质的鉴定 / 检验机构完成。这个领域涉及社会各个领域和阶层，大多数诉讼参与方应当充分意识到电子数据的重要性，形成良好有效的机制来服务于民事案件诉讼。

③ 行政诉讼案件的举证和处理

行政诉讼也需要电子数据的支撑来判断责任，确定处罚的对象、金额，以维护社会经济秩序和人民群众的正常权益。这个领域的相关机构，如工商行政管理总局、税务局、海关总署等部门已经意识到电子数据的重要作用。目前，有些机构如工商行政执法部门已经开始依托电子数据取证并处理网络上的非法经营活动。

④ 企业内部调查

由于科技手段的不断更新，职场舞弊行为、手法越来越多、越来越隐蔽，因此企业和公司的内部安全控制部门、廉政监察部门对于电子数据取证的技术和产品有着广泛的需求。

3. 视频专网安全（能力领航者——天防安全 ）

（1）视频专网安全的定义

视频专网是一种为了保证所传输视频的可用性、保密性和完整性，构建的专用网络。

视频专网安全是指保护视频专网系统及其相关设备、数据和通信过程不被非法入侵、篡改、破坏、泄露或滥用的综合措施和技术手段。

（2）视频专网安全的核心能力

① 保障网络传输安全：采用加密技术对传输的数据进行加密，采用身份认证技术校验传输节点的身份，在数据传输过程中使用安全传输协议构建安全的数据传输通道。

② 身份认证与访问控制：通过身份认证技术进行用户身份认证，确保只有合法用户才能访问。同时，对用户的访问权限进行管理和控制，防止未授权的用户访问。

③ 视频内容加密：对视频内容进行加密，保护视频的机密性。

④ 入侵检测与防御：监控视频专网系统中的异常活动和攻击行为，并及时采取措

施进行防御和修复。

⑤ 脆弱性安全风险监测：通过全面监控脆弱性安全风险，从攻击的源头入手，结合客户资产状况，从实时漏洞视角清晰跟踪资产的安全状态、感知整体的安全风险。

⑥ 安全审计与日志管理：建立安全审计机制，记录和分析视频专网系统中的安全事件和行为，追溯安全事件的发生原因，及时识别潜在的安全威胁和漏洞。

（3）视频专网安全的应用场景

① 前端监控设备安全问题

随着前端摄像头等前端监控设备的数字化，暴露在路口的网络摄像头成为了黑客的重点攻击目标。由于网络摄像头自身存在安全隐患或漏洞，同时缺乏有效身份识别和可信管理手段，黑客极易通过设备替换进行网络入侵和非法数据获取。同时，前端监控设备和重要的视频应用平台仍然存在大量的中高危系统漏洞和弱口令问题，加大了被黑客攻击的风险。

② 后端安全问题

缺乏视频监控运维专业技术人员，不能及时发现、处置、取证非法活动，以及黑客通过互联网对前端监控设备和视频应用平台发起的攻击等恶意行为。

③ 数据安全问题

在跨部门进行视频数据共享时，设备将遭受来自其他网络中可能存在的病毒、木马、探头等的攻击或入侵，以及各种类型的安全威胁，存在很大的安全风险。

④ 安全运维管理问题

随着公共安全视频监控建设联网应用，内部设备资产分布范围广泛、类型繁多，存在资产梳理困难、安全事件无法集中分析、安全状况无法感知等问题，为安全运维工作带来较大的挑战。

4. 大数据智能（能力领航者——美亚柏科 美亚柏科 MEIYA PICO）

（1）大数据智能的定义

大数据智能是指以公共安全业务为核心，使用大数据、人工智能、深度学习等相关技术，具备针对公共安全行业海量多源异构数据的接入、处理、组织、分析等能力，服务于社会治理，满足多个公共安全场景下的数据挖掘分析和对外服务的需求。

（2）大数据智能的核心能力

① 跨数据中心协同大数据融合计算架构：针对不同层级、不同数据中心、不同计算架构、不同存储结构间的数据融合计算难等问题，研发跨数据中心协同大数据融合计算架构，实现异源异构异数据中心的数据精准调度，百万亿数据规模下不同类型数据的高速查询分析。

② 多源多态数据融合治理：针对数据来源多、种类多、标识多、处理链路长、质量无法保证等问题，研发多源多态数据融合治理技术，支撑在万亿级别数据规模下，对不同结构类型的数据进行高速处理，同时保证数据处理质量，保证了数据在不同网段、不同处理阶段、不同数据中心之间的一致性。

③ 多模态数据智能分析：针对复杂场景下来源不同的文本、图片、视频等多媒体数据，提出多模态数据智能分析技术，实现多场景角度下的人像识别和主体性质的智能判断，和复杂场景下的多模态数据识别、分类和关联。

（3）大数据智能的应用场景

① 数据支撑服务

在公共安全行业中，为实现市域社会的高效治理，需要由核心部门把各类数据汇聚在一起，并根据相关行业标准进行组织治理，形成具有良好规范的数据中台，具备融合分析、深度挖掘的数据能力。但基于数据的重要性和敏感性，并不是所有部门都能直接访问和使用数据中台的数据，各相关业务部门需要根据自己的具体使用需求，向数据中台发起数据服务请求。数据中台需要为各相关业务部门提供及时、高效、可靠的数据支撑服务，满足数据请求多样化、灵活配置高效性、统一身份认证管理、统一安全管控的需要。

② 数据建模分析

在公共安全行业中，为满足市域社会治理的智能化需求，相关部门经常需要对在日常任务、专项行动、突发事件等不同情况下能使用到的各种数据进行挖掘分析。数据挖掘分析任务多样多变，时效要求高，业务涉及领域广泛，需要能基于数据中台，实现技术门槛低、灵活高效、智能程度高的建模分析服务。

3.3.2　工业互联网安全

工业互联网安全主要指工业和制造业涉及的数字安全能力。

1. 工业控制系统安全防护（能力领航者——威努特🅦威努特 WINICSSEC ）

（1）工业控制系统安全防护的定义

工业控制系统安全防护是指针对工业控制系统网络安全的需求所提供的一系列技术模型、产品和解决方案。它旨在提供系统级的安全保障，专注于帮助工业控制系统防范网络威胁、恶意攻击和操作失误所引发的风险。

（2）工业控制系统安全防护的核心能力

① 工业控制系统安全白名单技术：一个多维度、全方位的安全架构模型，覆盖工业控制系统的各个层级，包括主机层、网络层和应用层。结合工业控制系统软件和设备更新频率低的特点，通过对工业控制系统网络流量、工业主机及应用程序运行状态

等进行监控，收集并分析网络流量数据及主机状态，建立保障工业控制系统及网络正常工作的安全模型。确保只有可信任的设备、可信任的消息、可信任的软件，才能在工业控制系统网络中被接入、传输、执行。

② 网络隔离技术：确保隔离外部有害的攻击，保证在内部信息不外泄的情况下完成网间数据交换。通常采用"2+1"的三模块架构，内置双主机系统和隔离交换单元，通过隔离交换单元摆渡、单向传输等实现网络间的数据安全交换，隔离网络攻击。

③ 工业控制系统协议深度解析技术：对工业控制系统控制单元的通信数据进行深度分析和过滤防护，通过对工业控制系统协议的深度解析，过滤非法或伪装的工业协议，阻断误操作或恶意操作指令，防止应用层协议被篡改或破坏，确保生产线稳定运行。

④ 机器智能学习技术：可建立更符合工业现场业务逻辑的安全模型，实时地在生产控制系统的脆弱性、网络数据流量、安全风险分析模型三者之间进行关联分析，不断调优、完善安全风险模型各个维度的细节，自动完成工业控制系统协议安全白名单的建立，实现从源头对安全威胁和风险进行有效监测和审计。

（3）工业控制系统安全防护的应用场景

① 传统杀毒软件不适合工业现场使用

工业控制系统安全防护采用白名单主动防护技术，依据程序特征建立操作系统运行的安全环境，禁止不信任的程序运行。区别于传统的杀毒软件，白名单主动防护技术不依赖于特征库，不用频繁升级，能够有效阻断未知恶意代码的感染、运行和扩散，支持对老旧主机的安全防护，对自动化软件有良好的兼容性，占用系统资源少，完美适配工业控制系统环境。

② 工业控制系统网络的异常流量和运行状态难以被及时发现

工业控制系统安全防护采用工业控制系统协议深度解析技术实时检测出针对工业协议的网络攻击、用户误操作、用户违规操作、非法设备接入及蠕虫、病毒等恶意程序的传播，帮助客户及时采取应对措施，避免发生安全事故。

工业控制系统安全防护还可以记录一切网络通信流量，提供简便易用的回溯功能，为工业控制系统安全事故调查提供技术手段，改变以往工业控制系统安全事故无法取证、调查等被动管理局面。

③ 低时延、高可靠的工业运行环境要求

工业控制系统对可靠性、稳定性、业务连续性的要求严格，软件和设备的更新频率低，业务流程相对固化，工业控制系统安全防护以工业控制系统安全白名单技术为核心，运用机器智能学习的方式自动完成工业控制系统协议、指令、设备白名单的建立，能够有效降低维护和升级成本，采用专用的工业级软硬件平台，满足低时延、高可靠的工业环境要求。

2. 工业控制系统检测（能力领航者——天融信 天融信 TOPSEC）

（1）工业控制系统检测的定义

工业控制系统检测是指一种对工业控制系统运行状态进行分析的安全技术，在不影响实时性的前提下，充分利用生产网络流量信息收集工业控制系统内网资产、系统、业务行为信息，依据数据完整性及业务逻辑对以上信息进行分析，有效发现工业控制系统网络中的异常流量、异常主机、违规操作、误操作、非法指令等异常行为，并对安全事件详情进行记录。

（2）工业控制系统检测的核心能力

① 工业控制系统协议深度解析：综合采用特征串匹配、协议特征分析、流关联和机器学习等多种技术，基于 PLC 之间、PLC 与上位机之间的协议数据流进行特征提取和过程还原，进行字段标记实现数据包协议类型的标识。每种类型的协议基于 OSI（开放系统互联）参考模型确定其分层框架，对除应用层外的各层的操作流程与协议解析模块进行封装。针对具体协议的应用层格式进行字段解析和信息输出，实现对协议数据流的实时全解析与监测。

② 工业控制系统业务行为审计：基于深度学习的建模分析技术，实现工业控制系统业务行为审计所需规则文件的建立，并结合对流量、性能、威胁情报、设备等结构化数据及非结构化数据进行关联分析生成基线模型。当发现网络中的流量分布和已学习流量模型中的流量分布存在偏差时，对与工业行为基线模型存在偏差的行为进行详细记录并告警，对异常行为、误操作进行有效跟踪与取证。

③ 工业资产深度识别：基于主动扫描探测与指纹特征提取技术，支持对生产网络流量进行细颗粒度分析、灵活使用指纹特征提取技术提取资产属性、准确识别资产。同时支持对已探测的工业控制系统资产进行无损脆弱性匹配，自动识别出资产所对应的漏洞等风险信息。一键生成资产基线，以资产基线作为资产台账管理工业内网资产数据。

④ 工业基线构建分析：基于全流量实时应用识别、动态行为特征分析技术，对工业协议交互的时序逻辑、周期、频率等进行工艺异常检测，发现隐匿在合法指令中的异常工艺行为，建立符合生产现场的生产节拍或实际工况的工艺行为基线模型，从而消除工业控制系统因违规操作、非法指令等而受到的危害。

（3）工业控制系统检测的应用场景

① 工业行为基线建立

基于工业行为基线构建分析技术，实现工业资产通信行为、工业流量阈值、工业行为指令等生产行为基线分析体系的建立，保证资产和行为合规入网。同时采取业务变化量和变化率检测技术定位、跟踪风险，精准识别风险类别，协助工业企业实时发现潜在未知风险。

② 工业控制系统安全威胁感知

基于工业控制系统协议深度解析技术、工业控制系统业务行为审计技术及工业基线构建分析，对来自工业控制系统网络的工业控制系统指令进行多维度解析，包括完整性、功能码、地址范围、值范围、变化趋势等维度，从而检测出是否符合网络协议通信数据和指令操作的合规性，协助工业企业有效发现工业控制系统安全威胁。

③ 工业控制系统安全事件溯源

实现在全网工业控制系统安全检测、工业控制系统流量分析、关键事件检测、数据溯源分析、指纹识别和无损探测、安全风险告警等方面对生产流程的全方位管控，同时依托工业控制系统协议深度解析技术，可完整还原工业现场通信过程，为安全事件溯源提供基础依据。

3. 工业控制系统审计（能力领航者——中电安科 🔲 中电安科）

（1）工业控制系统审计的定义

工业控制系统审计是指能够实时、不间断地将网络中的安全设备、网络设备、主机、信息系统产生的日志、事件、告警等信息汇集并进行分析，针对工业控制系统领域的审计产品。

（2）工业控制系统审计的核心能力

① 工业控制系统日志采集：对工业控制系统中使用的各类网络设备、安全设备、工业控制系统设备、工业控制系统本身的日志进行采集，一般需要支持 Syslog、SNMP TRAP、Kafka 等多种日志采集技术，必要时还需要支持 IEC104、TRDP（列车通信网络实时数据协议）等特殊的工业控制系统协议，以进行日志采集。

② 日志泛化：对日志数据进行泛化处理，通过正则提取、字典、映射等一系列技术手段达到将日志数据转换成统一格式的目的。支持通过机器学习进行自动分类和推荐泛化处理。

③ 日志分析：使用关联规则对日志数据进行分析并识别威胁，支持基于安全事件统计、安全事件关联、安全事件时序、威胁情报收集与分析、数据挖掘等进行分析，支持基于网络结构、业务场景进行规则调整。从日志数据分析用户行为，建立用户行为画像，使用大数据集对网络中的人类和机器的行为进行建模，定义模型基线，识别传统安全产品无法检测的威胁。

④ 报表可视化：利用安全事件统计、可视化技术自动生成网络安全报表，并支持多种格式的报表导出、打印等。通过报表分析进行安全事件审计和取证分析。

（3）工业控制系统审计的应用场景

① 安全日志存放分散、数量多、数据格式不统一

工业控制系统一般运行 10 ～ 20 年，一条生产线或一个车间通常由多个设备厂商、集成商负责建设，且基本依靠第三方维护，各类资产产生的日志数据格式不统一、数量繁多、存放分散，无法进行统一管理和分析，这是工业控制系统企业最为关注的问题之一。工业控制系统审计可以基于日志采集、治理等技术方便地实现工业控制系统网络环境中的日志统一管理，并且提供各类高级分析、统计报表等功能，帮助工业控制系统企业挖掘日志数据价值，及时发现安全隐患。

② 设备联网混乱、缺乏安全防护

为了生产上的便利，在工业生产环境中，越来越多的智能传感器、设备、机器、应用系统与网络进行连接，并逐渐打通与办公网、互联网等的连接。加上企业在日常维护过程中，经常出现个人设备违规接入生产网络，甚至非法外联的情况。工业控制系统审计通过 UEBA（用户和实体行为分析）技术对网络环境中的人员、设备进行自动行为建模，建立安全基线，可有效识别传统安全产品无法检测到的可疑行为、潜在威胁和攻击。

③ 安全运维人员缺乏、安全审计困难

利用日志审计能力，既能快速接入不同类型的日志，又能够自定义配置不同类型的审计规则，协助安全运维人员从事前（发现安全风险）、事中（分析溯源）、事后（调查取证）等多个维度监控网络安全事件，达到审计场景基本全覆盖，形成体系化、规范化、场景化、自动化的审计能力，支撑常态化高质量、高效率开展审计工作。降低了审计准入门槛，节约了专业安全运维人员的培养成本。

4. 工业控制系统安全管理平台（能力领航者——威努特 _{威努特} WINICSSEC）

（1）工业控制系统安全管理平台的定义

工业控制系统安全管理平台是以工业资产的集中管理、安全策略的集中管控、安全事件的集中分析、安全问题的集中处置为核心，基于大数据模型和架构，提供模型中的 Level 1 ～ Level 4 的工业控制系统资产安全管理能力，助力机构，以满足工业控制系统资产安全管理、日常安全监测、安全巡检、安全事件分析、安全响应处置、安全事件回溯等安全运维需求。

（2）工业控制系统安全管理平台的核心能力

① 工业资产的集中管理

a. 主动识别：基于网络扫描和深度会话交互技术识别工业资产，依赖平台自有的工业资产指纹库，能够识别 PC（个人计算机）、服务器、中间件、数据库、交换机、路由器、打印机、摄像头、PLC（可编程逻辑控制器）\DCS（分布式控制系统）\SCADA（数据采集与监控系统）\RTU（远程终端单元）\LCU（现地控制单元）等的各类工业资产信息。

b. 被动识别：汇集其他软硬件上传的数据，实现资产信息识别。

c. 可视化：通过对工业控制系统网络中的控制设备、安全设备、网络设备和主机系统等各类工业资产的统一管理，实时监视网络和资产的运行状态、健康状态和安全状态，并以图形的形式集中展现，实现工业资产的集中管理。

② 安全策略的集中管控：主要对工业控制系统网络中的安全设备的安全策略进行统一管理。工业控制系统安全管理平台作为安全管理的统一入口，具备设备状态监控、安全策略配置和下发、软件升级和授权、安全事件收集和处置等管控能力。通过针对工业控制系统网络中的安全设备的多区域管理及跨地域级联管理能力，解决机构面临的多种安全设备带来的安全管理分散问题，提升机构日常安全运维效率。

③ 安全事件的集中分析：主要通过对工业控制系统安全管理平台管辖范围内的工业资产和设备运行状态、网络链路、安全状况进行监测，整合各维度安全事件监测数据，利用安全事件关联分析引擎对大数据量级的各维度安全数据进行实时关联分析，发现更复杂的、更具价值的威胁事件，并实现威胁事件的回溯分析。

④ 安全问题的集中处置：通过事件分级模型筛选出真正影响业务的事件进行横向（网络维度）和纵向（时间维度）的关联分析，对事件发生原因、事件影响面、事件原始日志进行挖掘，实现对事件的分析取证，并通过流程工单进行处置任务的统一派发，确保每一个威胁处置过程都能被及时有效地跟踪和记录，提升机构安全管理团队内部处置联动的协作能力，使威胁处置过程有据可循。

（3）工业控制系统安全管理平台的应用场景

① 解决生产网络资产状况模糊不清问题

工业控制系统安全管理平台通过手动和自动化的方式建立生产资产安全台账，并对资产信息变更操作进行记录，形成完整的生产网络资产分类、资产安全状况等信息和报表，解决生产网络资产管理难题，是构建生产网络安全管理体系的基石。

② 解决生产网络安全管理困难问题

生产网络安全设备和安全软件存在部署位置分散、安全数据信息分散等问题。工业控制系统安全管理平台具备资产可视、漏洞可视、网络可视、攻击可视、策略可视等数据可视化能力和自动化运维手段，帮助机构快速、宏观地了解企业的整体安全态势，解决生产网络安全运维问题。

5. 工业安全态势感知（能力领航者——中电安科 中电安科 ）

（1）工业安全态势感知的定义

工业安全态势感知是指通过采集工业网络的关键资产数据、流量数据、威胁数据和脆弱性数据等数据，利用大数据技术进行自动分析、关联处理和深度挖掘，对工业网络的安全状态进行分析总结，识别能引起工业控制网络安全态势变化的安全要素，展现网络当前的安全状态，预测未来发展趋势。

（2）工业安全态势感知的核心能力

① 安全数据采集：根据工业控制系统安全需求，采集的安全数据包括工业资产数据、日志数据、告警数据、流量数据、终端行为数据、审计数据、终端运行状态数据、漏洞数据、安全事件数据等。系统内置多种设备或应用的数据范化策略，实现自动化的安全数据范化。

② 安全数据分析

a. 安全关联分析：基于网络结构、业务场景进行规则调整，满足实际环境的需求。提供基于规则、统计、威胁情报、情景、数据挖掘的关联分析并识别威胁。

b. 威胁研判与处置：利用安全数据，结合威胁场景自动完成安全告警的威胁研判并识别攻击类型，利用威胁特征库分析攻击结果、影响范围并制定处置方案。支持利用接口管理外部安全防护设备，根据威胁研判结果提供威胁联动处置能力。

c. 安全事件复盘：根据威胁分析研判结果结合安全数据和外部安全线索，展开威胁分析溯源。支持基于威胁分析研判结果和威胁分析溯源结果建立攻击者画像。

③ 安全风险分析

a. 资产测绘与监测：基于工业控制系统指纹库和应用指纹库，通过被动和主动方式完成资产测绘，识别资产类型、服务、组件及版本，利用流量通信数据测绘资产间的通信关系，梳理资产通信拓扑。提供资产监测能力，利用动态基线技术监测资产运行异常和通信异常。

b. 漏洞监测分析：利用资产指纹数据进行无损漏洞检测。

c. 自动风险分析：计算资产及其业务系统风险值的功能，协助管理人员进行定量评估。

④ 安全态势可视化：呈现网络中蕴含的安全态势状况，实现对威胁趋势、攻击源、攻击事件和工业控制系统资产安全态势的展示，并通过可视化界面进行数据关联查询。

（3）工业安全态势感知的应用场景

① 摆脱网络资产安全治理困境

随着网络规模的不断扩大，网络中产生大量的无主资产、僵尸资产，这些资产长时间无人维护，存在大量的漏洞和配置违规情况。工业安全态势感知提供资产测绘及管理能力，可利用平台实现安全告警与漏洞的关联分析，便于安全运营人员完成安全告警处置和漏洞修复工作。

② 打破"安全孤岛"及解决海量安全数据分析和处置问题

在安全运营过程中，会出现大量的重复告警和误报，且各类安全事件之间分散独立，缺乏联系，无法给安全运营人员提供真正有意义的指导。工业安全态势感知通过采集多维度的安全数据，基于平台自身的关联分析、威胁研判能力，自动实现威胁识别、误报分析、分析研判、制定处置方案，还可以通过平台集成管理其他安全设备，提供威胁联动处置能力。

③ 网络安全可视化

工业安全态势感知平台基于各类安全数据、安全态势要素进行综合分析，从多维度并以指标化的形式来呈现全网整体安全运行态势和资产、漏洞、攻击及管理等专题安全态势，辅助管理层完成网络安全防御体系建设的决策。

3.3.3 车联网安全

车联网安全主要指汽车制造业涉及的数字安全能力。

1. 车载防火墙（能力领航者——天融信 TOPSEC）

（1）车载防火墙的定义

车载防火墙是指为新一代智能网联汽车、高级别自动驾驶行业车辆提供全方位网络安全防护及网络接入能力的产品。支持安全检测、安全防护、安全审计及安全 OTA（空中激活）技术等功能，为车辆提供全方位的边界安全能力。

车载防火墙支持软件形态集成部署与硬件形态独立部署。软件形态集成部署通常以 SDK（软件开发包）的形式将车载防火墙部署于车域控制器或 ECU（电子控制单元）中，如 IVI（车载信息娱乐系统）、T-BOX 智能车联网服务终端、中央网关等域控。具备访问控制、数据加密、DoS（拒绝服务）攻击防护、入侵检测与防御、安全监控和告警等功能；硬件形态独立部署通常以独立硬件的形式将车载防火墙作为域控制器部署于车内，支持车规级硬件、内置硬件安全芯片，支持丰富的外部网络接入及车载以太网接入，具备全面、高效的边界安全能力和广域网优化能力。

（2）车载防火墙的核心能力

① 基于黑、白、灰名单的车内安全可信推断技术体系：车载防火墙具备基于黑、白、灰名单的车内安全可信推断技术体系。其中，黑名单集成入侵检测数据库、病毒库、僵木蠕库、威胁情报库等，对车辆数据采用黑名单技术进行技术判定和管理；白名单技术针对车内可定义与可预测的车辆业务数据，进行技术判定与管理；灰名单技术则针对车联网业务场景中的黑、白名单之外的无法判定的安全风险，通过行为分析模型及云端协同检测的方式对安全事件进行灰度判定。

② 支持多种形态的灵活部署：车载防火墙可根据实际应用场景，支持多种形态的灵活部署能力。车载防火墙可支持以软件 SDK、虚拟容器等形式部署于车端域控制器及 ECU 中。也可采用硬件形态进行独立部署，除具备安全检测、安全防护、安全审计及保障数据安全等功能外，还具备丰富的网络接入功能，提供高性能、高扩展性的安全能

力。同时支持车云联动，安全能力可以根据相应的算力资源在车端和云端协同联动。

③ "双安融合" 的车联网安全：车载防火墙将智能网联汽车的功能安全和信息安全有机地结合在一起，综合考虑车辆功能安全、车辆网络安全和数据安全间的相互影响。车载防火墙可实时监测车端域控制器或 ECU 的运行状态，动态调整系统资源使用情况及网络安全策略，同时通过多种安全隔离技术和系统进行功能解耦，在不影响功能安全的情况下最大限度降低信息安全风险。

（3）车载防火墙的应用场景

① 智能网联汽车安全边界防护

由于汽车作为载人运输设备的特殊性，汽车信息安全与功能安全息息相关。汽车的安全边界被攻破，不仅意味着用户数据被窃取、信息泄露，同时也很可能会直接导致汽车内部总线网络被控制、车内信息被仿冒，从而威胁司乘人员人身安全、交通安全乃至社会安全。车载防火墙可为智能网联汽车的关键组件、系统、网络提供全方位的安全检测与防护能力。通过在汽车安全边界进行实时监测与响应，能够有效阻止恶意入侵，检测异常行为，并及时应对潜在的威胁。

② 智能网联汽车安全合规

针对车联网安全问题，国内外相关机构均制定了一系列相关标准法规。例如，国际上颁布的 ISO/SAE 21434 和 UN R155，以及国内颁布的《道路机动车辆生产准入许可管理条例（征求意见稿）》《智能网联汽车整车信息安全技术要求》等，都对车联网信息安全提出了明确要求。落实相关标准法规要求成为智能网联汽车产业链上下游各单位的重点工作。车载防火墙覆盖多个国家标准、行业标准及安全指南要求，通过部署车载防火墙，能够有效地减少车辆信息安全威胁，保护车端安全，帮助车企实现车联网信息安全相关标准法规的合规建设。

2. VSOC（能力领航者——云驰未来 INCHTEK）

（1）VSOC 的定义

VSOC（汽车网络安全运营中心）是指通过端到端的安全技术，为智能网联汽车提供全面的安全监测、威胁分析和应急响应功能的智能化监控与防御系统，旨在保护智能网联汽车系统的完整性和可用性，并且满足法规监管要求。

（2）VSOC 的核心能力

① 入侵检测与防御

a. 总线信号安全监测：通过适用于 CAN 总线的网络传感器和算法，实时监测车辆总线通信，识别违规或入侵行为。

b. 网络入侵行为检测与防御：通过流量检测和深度包检测（DPI）技术，分析并识别针对车辆控制器的恶意网络流量和攻击。

c. 车载操作系统监测：监测车载操作系统的完整性和安全性，分析车载操作系统是否满足安全基准要求，识别可能出现的针对操作系统的攻击行为或恶意文件。

d. 分布式监测：支持车内多控制器部署，满足汽车开放系统架构（AUTOSAR）标准要求，采用统一的安全日志汇聚及上报机制，满足复杂车载网络架构部署的通信及性能要求。

②车辆资产数字孪生

a. 车型资产数据库构建：建立车辆资产的详细数据库，包括汽车零部件、软件及相关系统，以及车辆和零部件的数据。

b. 静态模型和动态数据管理：静态模型涵盖不同车型的汽车的结构、零部件和软件信息。动态数据包括车辆运行过程中产生的数据。这种分层管理方式允许对不同车型车辆的细节信息进行高效管理。

c. 车辆资产风险画像：通过将安全事件/日志、TARA（威胁分析与风险评估）分析结果及零部件的 SBOM（软件物料清单）信息与车型孪生数据相结合，实时分析车辆的安全事件、追踪零部件漏洞，识别异常行为，并评估风险影响面，构建车辆资产风险画像。

③ 基于汽车功能的应用场景的智能化安全分析

a. 合规性分析：通过法规遵从性检查、隐私保护、数据加密、访问控制等方面的技术手段，确保汽车各项功能的应用场景满足法规和行业标准的要求。

b. 攻击分析：通过入侵检测、异常行为检测和威胁情报分析等手段，实时监控车辆通信、识别异常行为，监测和分析潜在的网络攻击。

c. 异常行为分析：通过行为分析、机器学习和大数据分析等手段，监测车辆在各种功能的应用场景下的行为，包括异常操作、异常通信或其他突发情况。

④自动化编排

a. 高效的响应协同系统：在发生安全事件时，通过构建工作流引擎，协调不同部门和角色，对安全事件进行确认、分类、通报和处理，迅速应对潜在威胁，减少潜在损害。

b. 低成本的业务系统对接：基于 RESTful 架构将三方业务系统封装为应急预案流程节点中的自动化动作节点，降低对接成本，实现安全事件处置流转过程的无缝对接。

（3）VSOC 的应用场景

① 智能网联汽车网络安全合规：有效应对愈加严苛的法规挑战

VSOC 为汽车制造商提供国家和地区的法规监管的最佳实践，包括隐私数据保护、访问控制、通信加密等。这有助于为智能网联汽车降低合规性风险，确保其符合法规和行业标准。

② 智能网联汽车安全实时防护系统：提供实时高效的网络安全监测和事件响应

VSOC 通过对网络通信、车载操作系统和总线信号的监测，迅速识别和应对潜在威胁，包括恶意攻击、数据泄露和安全漏洞，并能够在安全事件发生时立即采取相关措施，减少潜在损害，对于确保车辆网络的持续运行至关重要。

③ 智能网联汽车安全风险评估和风险管理

VSOC 通过分层管理资产数据库、静态模型和动态数据，构建车辆资产风险画像，能够实时分析车辆的安全事件、追踪零部件漏洞和异常行为，评估风险影响面，建立智能网联汽车全生命周期的网络安全管理系统，提高车辆的整体可用性和可信度。

3. 智能网联汽车安全测试（能力领航者——奇安信　奇安信）

（1）智能网联汽车安全测试的定义

智能网联汽车安全测试是一种涵盖了测试车辆的软件、硬件、通信和各种子系统的测试方法和过程，旨在使用车联网信息专用安全测试工具来评估、验证和确保智能网联汽车系统在各种操作条件下的信息安全性。

（2）智能网联汽车安全测试的核心能力

① 软件安全测试

a. 静态分析：对源代码和二进制代码进行审查逆向分析，识别潜在漏洞和风险。

b. 动态分析：在车辆运行时监测车辆软件行为，检测异常行为和潜在威胁。

c. 模糊测试：生成大量随机或半随机输入，测试软件在不同情况下的响应，发现未处理的异常情况。

d. 软件成分分析：分析软件之间的调用及应用关系，构建软件 SBOM，并基于分析的结果进行风险及漏洞检测、告警。

② 硬件安全测试

a. ECU 安全评估：对 ECU（电子控制单元）进行安全审计测试，防止未经授权的访问和控制。

b. 物理攻击测试：模拟物理环境中的攻击，如侧信道攻击（SCA）和拆卸攻击。

c. 串口访问测试：对车载串口设备访问权限进行测试攻击，防止非法程序运行、非法的访问控制。

③ 系统安全测试

a. 系统漏洞扫描：对车载系统进行漏洞扫描，及时发现系统漏洞，并防止已发布的系统存在已知漏洞。

b. 系统权限测试：对系统进行提权测试，验证是否存在提权风险，防止对系统的非法越权访问，及时进行修改及控制。

④ 通信安全测试

a. GNSS 安全测试：对车载的 GNSS（全球导航卫星系统）的相关数据进行欺骗模拟测试，提高对相关攻击的防护及抗干扰的能力。

b. 近场通信安全测试：对车载蓝牙、射频信号、NFC（近场通信）等近距离无线通信模块进行重放、篡改、中继等安全测试，发现潜在的利用点及攻击面。

c. CAN 总线分析：监测和分析 CAN 总线数据，发现异常消息和潜在攻击。

d. 加密与认证：保护车辆间的通信和车辆与基础设施之间的通信，防止信息泄露和恶意篡改。

e. 车载以太网测试：验证测试车载通信协议存在的问题。

⑤ 数据安全测试

a. 敏感信息检测：监测和分析车辆内部和通信网络中的数据流，以识别和保护敏感信息，拦截未经授权的访问，避免泄露。

b. 数据安全测试：验证车载系统的数据加密、身份认证、访问控制等措施，发现车辆内部和外部的数据在数据传输、存储和处理过程中易被恶意攻击和泄露的风险点。

（3）智能汽车安全测试的应用场景

① 车辆安全评估

通过攻击模拟和安全测试评估车辆系统的脆弱性。确保车辆在正常操作和存在潜在攻击风险的情况下的安全性。

② 车辆通信安全测试

确保车辆与车辆之间、基础设施和云服务器之间的通信安全。防止恶意攻击者干扰或劫持通信，保障交流通畅和安全。

③ 数据安全问题

车联网安全测试在数据安全场景下应用于模拟恶意攻击和漏洞挖掘，以发现和修复车辆通信、存储和处理数据时可能存在的漏洞，确保数据免受未经授权的访问和泄露。

3.3.4 信创安全

信创安全主要指国产化数字技术涉及的数字安全能力。

信创安全（能力领航者——天融信 天融信 TOPSEC）。

（1）信创安全的定义

信创，即信息技术应用创新，其核心是通过国产化数字技术和自主创新建立自主可控的信息技术底层架构和标准。信创安全是指在信创语境下，提供安全防护的技术或产品。

（2）信创安全的核心能力

信创安全的发展主要依托于构建具备自主知识产权的信息技术软硬件底层架构体系和全生命周期生态体系，通过网络安全保障体系带动技术自主创新，外防侵入 / 摧毁式攻击，内防泄密 / 窃密，从而提升信创安全技术水平。信创安全技术主要分为产品安全、系统安全和供应链安全。

① 产品安全：产品安全是指具有自主知识产权的基础软硬件及应用软件自身的安全，主要包括安全设计、安全开发、安全运维、漏洞管理等产品全生命周期各阶段安全。

② 系统安全：系统安全是指具有自主知识产权的基础软硬件和应用软件投入运行时整个信息系统环境的安全，主要涉及技术方向如下。

a. 物理安全：环境安全、设备安全、电源系统安全、通信线路安全等。

b. 网络安全：网络协议栈、访问控制、流量识别、抗 APT 攻击、网络准入控制、抵御未知威胁、抗 DDoS 攻击、协同防护等。

c. 主机安全：病毒查杀、内存保护、身份认证、数据加密、安全加固、漏洞管理等。

d. 应用安全：威胁情报分析、应用管控、API 安全、特权账号安全、数据加密、数据防泄露、数据脱敏、安全审计、漏洞扫描、Web 安全、数据库安全等。

e. 新技术安全：云安全、物联网安全、工业互联网安全、车联网安全、人工智能安全、区块链安全、5G 安全等。

f. 供应链安全：供应链安全重点强调产品和服务的自主可控和安全可靠，主要保障信创供应链各环节的完整、不受损害，保障业务连续性及安全性，主要包括兼容适配、认证和授权、风险评估、测试评估等。

3. 信创安全的应用场景

信创安全通过自主创新，提供安全可靠的国产化信息技术产品和解决方案，为各行各业提供保障安全的信息化支撑。

目前信创安全已取得阶段性成果，应用于中央部委、各省、各地市，后续将继续下沉到区县。此外，信创安全也已逐步应用金融、交通、能源等行业的关键信息基础设施场景，后续将逐步应用工业、物流、烟草等行业，直至应用全行业。基于国产化自主可控的操作系统、数据库、工业控制系统和网络安全设备等来替代目前金融、交通、能源、工业互联网等行业高度依赖的国外技术和产品，不仅能保证系统和数据的安全性，也有利于摆脱对国外核心技术的依赖。

同时，在云计算、大数据、人工智能等新技术的应用场景下，信创安全在基础软硬件、安全防护技术、安全管理、安全运维等方面提供完善的技术保障，确保新技术的高效应用及安全可控。

3.3.5 安全保密

安全保密主要指信息保密要求或安全等级保护涉及的数字安全能力。

文档信息安全（能力领航者——万里红 ⚡万里红 ）。

（1）文档信息安全的定义

文档是指以纸质材料、计算机盘片、磁盘和光盘等为载体的文字、图片等材料，包括电子文档和纸质文档。

文档信息安全是指文档在文档制作、文档传输、文档使用、文档流转过程中的安全，包括文档本身和文档内容的安全。

（2）文档信息安全的核心能力

① 电子文档隐藏水印：针对电子文档截屏、屏幕拍照、信息系统流转等场景，以人眼不可识别的方式嵌入发文信息、打印信息等内容。

② 屏幕防拍水印：终端在浏览图片、图纸、视频时屏幕上显示浅色快速水印，当屏幕显示内容被截屏或拍摄后，安全标识信息随着图片或视频一起流转。

③ 电子文档加密：采用 AES256 高强度加密算法、灵活全面的加密模式、严苛的防冒充控制技术、细粒度的端口与外设管理、电子文档级别的数字权利管理（DRM）、智能化的日志安全审计与报表分析。

（3）文档信息安全的应用场景

① 满足电子文档在线浏览安全防护需求

在第三方系统提供电子文档在线浏览功能时，使用溯源云服务平台提供的水印嵌入服务，将相应单位、账户、浏览时间等信息嵌入电子文档。电子文档在被用户在线浏览及打印输出时都能带有隐形标识信息，从而实现在线浏览安全防护。

② 满足电子文档终端使用安全防护需求

用户在打开、打印电子文档时，文档信息安全可将注册到服务端时获取的隐写标识信息以隐形水印的形式嵌入电子文档，使得用户在屏幕上浏览该电子文档、将电子文档打印成纸质文档时文档均带有该终端设备的用户标识信息。用户在浏览电子文档时，进行屏幕截屏、屏幕拍照，以及对纸质文档进行复印、扫描、拍照等，甚至是在纸质文档部分被遮挡、水浸、揉损等情况下，文档信息安全均可实现隐形水印信息的有效保持和提取，实现敏感信息泄密防范与快速溯源定位。

③ 满足电子文档外发安全防护需求

当用户需要向外单位发文时，电子文档可嵌入外单位名称及收文人、时间等信息。同一份电子文档针对不同的接收单位、不同的接收人员可以生成不同的隐形水印标识，保证每一份外发电子文档的隐形水印标识的唯一性。为保障外发电子文档的隐形水印标识的完整性，保障在未使用文档信息安全的情况下，外发电子文档也能正常使用带有隐形水印的发文信息，提供了带壳电子文档水印。

④ 满足泄密信息溯源追踪需求

当需要对互联网上传播的电子图片、非法传播的电子文档进行隐形水印溯源追踪时，可通过电子文档信息安全嵌入的隐形水印信息，提取对应的账户人员和时间信息，进行追踪定位；针对非本系统嵌入的隐形水印信息，则不支持提取。

3.4　应用场景安全

应用场景是指组织较为典型的通用业务场景，数字安全能力图谱将其划分为 3 个一级领域和 19 个子领域，如图 3-4 所示。

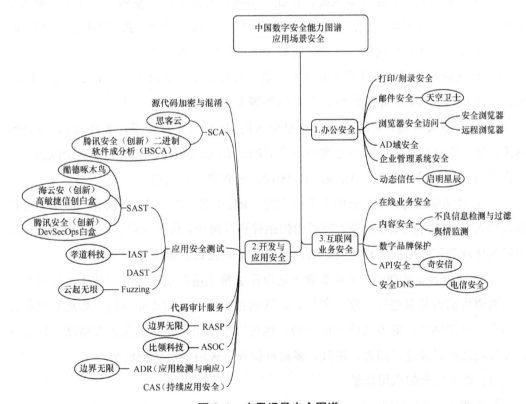

图 3-4　应用场景安全图谱

3.4.1 办公安全

办公安全是指利用数字化进行协同工作场景下的数字安全能力。

1. 邮件安全（能力领航者——天空卫士）

（1）邮件安全的定义

邮件安全是指通过防垃圾、防病毒、防钓鱼等手段抵御高级恶意威胁来确保在电子邮件的传输过程中不被非法攻击、窃取、篡改或在其感染病毒后能安全到达接收方的一种综合性解决方案。

（2）邮件安全的核心能力

① 邮件攻击防护：通过 SPF（发件人策略框架）、DKIM（域名密钥识别邮件）、DMARC（可扩展电子邮件认证协议）、RDNS（反向域名解析）、RMX（反向域名 MX 记录验证）、问候延迟、灰名单、代理认证等技术对发送方进行身份验证，防止非法身份进行的邮件攻击。通过连接控制、目录攻击控制、RBL（实时黑名单列表）、IP 信誉及智能 Domain 信誉等技术防止已知或可疑的恶意邮件攻击。

② 垃圾邮件防护：通过垃圾邮件特征、高级启发式分析、模糊哈希算法、域名黑名单、发件人信誉、URL 信誉、云端实时检测、自定义垃圾规则等技术相结合，对入向、出向邮件进行垃圾内容检测，从而抵御对业务电子邮件的入侵。

③ 高级威胁检测：采用了"本地 + 云端"实时威胁查杀技术，让企业能够实时防御最新的病毒、木马、恶意软件、恶意邮件等未知威胁。

④ 恶意链接检测：实时查询邮件里嵌入的 URL 的安全分类，如恶意网站链接、钓鱼链接、木马病毒链接等有恶意的风险 URL，防范已知和新兴的恶意链接威胁。对包含恶意 URL 的邮件提供 URL 替换、删除、隔离等多种功能。

⑤ 邮件信誉服务：基于云的全方位实时 URL 信誉、发件人 IP 信誉服务，通过检测发件人 IP 信誉和 URL 信誉对有威胁的邮件进行阻止，保护企业客户抵御已知威胁、垃圾邮件及基于邮件的新兴可疑威胁，有效防范企业数据被破坏和窃取。

⑥ 邮件内容安全防护：企业级数据防泄露引擎采用深层内容分析技术，利用对在邮件通道传输的数据进行识别、监控、隔离的相关机制，防止企业核心数据通过邮件以违反安全策略规定的方式流出而泄密，也可以根据用户指定的标准在敏感邮件离开企业环境之前对其进行加密、审批、多级审批等，采用多层防护机制。

（3）邮件安全的应用场景

① 邮件外发的安全防护

可以对外发邮件正文内容进行检查，尤其是对于压缩文件、多层嵌套文件（如在

Word 文档里插入 Excel 表格，而在 Excel 表格里又有敏感数据图片等针对常规逃避方式的检查)，针对部分外发加密文件进行检查。

② 邮件接收的安全防护

采用了多层过滤与防护技术对每封邮件的合法性进行检查，对可能存在的潜在政治言论风险、舆论风险等提前进行检测和管控、过滤，保证有害邮件不会被发送到企业的邮件服务器上。保证邮件在手机端、PC 客户端、网页邮箱端等都是安全的。

③ 邮件内部流转过程中的安全防护

对于邮件内容进行检查，包括邮件正文、附件、图片、收件人身份、发件人身份等，之后再根据企业的相关安全策略，采取安全审计、隔离、加密外发、审批等防护方式，实现对于邮件的合规性检查和安全审计。

2. 动态信任（能力领航者——启明星辰 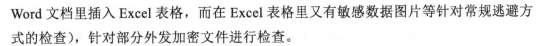 **）**

（1）动态信任的定义

动态信任是指基于 SIM 卡（用户识别模块）的实名认证，以 SDP 架构和基于风险的动态访问控制技术为核心，形成整合安全感知、安全检测、安全防护、安全响应及密码应用等多种安全能力的综合性解决方案。

（2）动态信任的核心能力

① 实名认证与安全审计：依托于运营商 SIM 卡实名认证功能，将网络身份凭证加密存储在 SIM 卡中构建信任基础，通过持续运营提供数字身份认证服务。基于实名认证，将传统的 IP 审计视角提升至实名 ID 审计视角，基于实名源头的唯一性实现身份的精准识别、精细化监测。

② 一体化终端安全防护：基于容器化、插件化技术等安全构建技术，实现按需运行多种安全引擎，如零信任终端引擎、EDR 终端引擎、终端数据防泄露、桌面管理、杀毒软件、沙箱系统组件。

③ 实时信任评估：采集、汇聚多维环境感知信息并实时评估信任度，通过合理配置实现终端运行状态的周期性信任评估。支持与 EDR（事件数据记录）、UEBA、威胁情报收集、态势感知等系统联动，并支持对接入主体信任度打分，为生成动态访问控制策略提供决策依据。

④ 动态访问控制：根据信任评估结果生成动态访问控制策略，对信任度发生变化的主体执行强制下线、升权、降权等访问控制操作。

（3）动态信任的应用场景

① 远程办公场景

在远程办公场景中，基于传统安全防护模式，通过 VPN 等产品实现身份认证后访问业务，而对用户来说，这种方式缺乏对接入者身份真实性的判断、网络暴露面收敛、对设备的合法状态判断，以及访问过程的风险感知及精细化的权限管控能力。

动态信任基于实名认证技术、网络隐身技术、实时风险及信任度评估技术、动态访问控制技术及实名审计机制，可有效减少远程办公风险。

② 内网办公场景

当前内网办公终端"一机两网"现象普遍存在、私带终端及私搭乱建情况颇多，缺乏完善的安全防护机制。

动态信任可通过终端风险感知技术，及时识别内网办公终端安全风险；通过隧道隔离技术实现"一机两网"互斥隔离访问；通过应用代理及单点登录技术，实现内网业务隐藏及单点登录快捷访问；通过实名认证与安全审计，实现风险事故的精准溯源、审计。

③ 开发 / 运维场景

存在共用开发运维账号难以区分、敏感的开发资源在终端落地时易发生数据泄露，以及对运维特权账号缺乏精细化权限管控等安全风险。

动态信任可实现账号实名绑定，有效解决账号共用、滥用问题。基于终端安全工作空间技术，实现终端侧敏感业务数据不落地。通过网络隔离、进程隔离、I/O 隔离等技术，实现终端数据使用安全隔离防护。

④ 分支互联办公场景

为了满足业务发展及信息化互联互通需求，组织总部与分支之间通过运营商专线、虚拟专线或互联网链路连通，实现大内网的办公场景。在分支互联的场景下，分支的安全防护水平多低于总部的安全防护水平。在大内网的防护逻辑下，系统缺乏统一认证、统一鉴权及统一访问控制机制，容易被击破造成严重的安全事故。动态信任可基于实名身份认证机制，以数据防护为核心，不以网络位置确定信任度，可有效解决大内网分支互联办公场景下的统一安全防护问题。

3.4.2　开发与应用安全

开发与应用安全是指在数字化工具、产品、系统的开发与应用过程中，从设计规划到编码实现，再到程序运行等各个阶段，通过代码审计、成分分析、安全测试，以及实时监测和防御等安全手段的总和，发现潜在安全问题。

1. SCA(能力领航者——思客云 CodeForce 思客云)

（1）软件成分分析的定义

Gartner 所定义的 SCA（Software Composition Analysis，软件成分分析）指一种

专门分析开发人员正在使用的源代码、模块、框架和库，以识别开源组件的工具，并能在应用程序发布到生产环境之前识别任何已知的安全漏洞或许可问题。

（2）SCA 的核心技术

① 开源组件识别：快速追踪和分析项目中引入的开源组件，全面发现相关组件、支持库，以及它们之间的直接与间接依赖关系。通过进行许可证检测、弃用依赖项识别，以及对漏洞和潜在威胁的检测，利用该技术能够详尽了解项目软件资产。

② 代码同源性分析：专注于处理被修改或来源未知的代码片段和文件。通过评估被检测代码与目标代码之间的相似性，推测被检测代码的来源。进一步地，这项技术被用于识别软件中潜在的漏洞和许可风险，以及实施可控的管理措施。

③ 二进制制品解析：通过对已编译软件进行深度解析，获取软件构成、协议和风险信息。传统安全方案主要依赖于被动接受的供应商软件构建清单，相比之下，二进制制品解析技术能够主动提供更为准确和全面的信息。

④ 云原生镜像分析：利用镜像深度解析技术和数据收集引擎，对容器镜像进行深入分析与评估，旨在迅速获得容器镜像内包含的组件、许可证、漏洞等的详细信息，进而对容器镜像进行全面检测与管理，以确保容器镜像的安全性。

⑤ SBOM（软件物料清单）：详尽地列出了组件的版本、许可证信息及漏洞等内容。SBOM 的目标在于协助组织提高整体供应链的透明度与可管理性，并更有效地管理和掌控软件供应链，从而识别并处理可能存在的漏洞、合规性问题及安全风险。

（3）SCA 的应用场景

① 安全风险治理

在软件开发过程中，涵盖固件、操作系统、应用程序等各类软件，无一不涉及开源组件和第三方组件的应用。实际上这也意味着，软件制品所涉及之处无一例外地存在着潜在的开源漏洞和许可合规风险。从软件开发的源头出发，引入 SCA，可以有效减少风险的扩散，同时降低风险管控所需的成本。

② 自主创新合规审查

在信创政策的推动下，关键领域的基础软件和重要行业的应用软件被视为自主创新合规审查的重要对象。SCA 在这一政策的推动中显得尤为重要，它能够识别代码、组件、制品、镜像中可能存在的知识产权问题，并有效预防潜在的合规风险。

③ 软件供应链风险管理

我国《信息安全技术　关键信息基础设施安全保护要求》明确将"供应链安全保护"作为关键信息基础设施安全保护的重点领域之一。在这一背景下，引入 SCA 成为一种必要举措，以更全面的视角监测、跟踪和管控软件供应链中的关键要素。

2. 二进制软件成分分析（能力领航者——腾讯安全 🅐 腾讯云 | ♡ 腾讯安全）

（1）BSCA 的定义

BSCA（Binary Software Composition Analysis，二进制软件成分分析）是指一种基于二进制分析能力的自动化软件成分分析工具，可对二进制构建产物进行分析，如固件、APK（安卓系统应用程序包）、镜像、压缩文件等。

BSCA 聚焦于已知漏洞扫描、开源软件安全审计和敏感信息检测，特点是无须源代码即可进行分析。

（2）二进制软件成分分析的核心技术

① 强大的二进制制品格式解析技术：支持多种制品，如固件镜像、磁盘镜像、安装包、Docker（应用容器引擎）、应用文件、文件系统、压缩文件等；涵盖移动开发、嵌入式开发、后台开发、云原生开发等多种开发场景下的跨架构格式解析。

② 多维度的二进制分析：支持多种二进制分析维度，如依赖文件分析、间接依赖分析、文件哈希分析、结构特征分析、二进制可执行文件分析、敏感信息检查、编译器选项检查等。

③ 丰富的开源组件知识库：有安全专家持续追踪漏洞，维护数据库的实时性、有效性和全面性。涵盖 500 多万开源组件，7000 多万开源组件版本。能够提供开源组件的统一知识信息，支持搜索开源组件和漏洞信息，包括官网地址、组件描述、组件版本数及不同版本的历史漏洞信息。拥有优秀的漏洞数据库，漏洞总量达 28 万，能够提供漏洞详细信息，覆盖 NVD、CNVD（国家信息安全漏洞共享平台）、CNNVD（中国国家信息安全漏洞库）。

（3）二进制软件成分分析的应用场景

① 制品安全扫描

二进制软件分析在安全开发流程中与制品仓库系统深度集成，实现安全左移，在制品发布前对发布包进行安全检测，检查发布阶段产物的合规性与安全性。

② 软件供应链安全准入

作为供应链安全管理和检测工具，在软件供应链中，二进制软件分析记录上游软件及组件清单，持续跟踪第三方组件安全状态，形成软件构成图谱，建立开源组件及依赖组件入库审批机制，协助修复已知漏洞。

③ 物联网安全扫描

二进制软件分析针对智慧城市物联网平台、智慧园区物联网平台、轨道交通物联网平台、电力能源物联网平台等，提升针对物联设备的安全检测能力，推动物联网厂商解决设备安全性问题，提供运营阶段的持续性检测手段，满足合规要求。

3. SAST(能力领航者——酷德啄木鸟 🐦 CodePecker 酷德啄木鸟)

（1）SAST 的定义

Gartner 所定义的 SAST（Static Application Security Testing，静态应用安全测试）是指分析应用程序的源代码、字节码和二进制文件，以检测与安全漏洞相关的编码和设计问题的由多种技术组成的解决方案。SAST 在应用程序处于非运行状态时由内向外分析应用程序。

（2）SAST 的核心能力

① 源代码静态分析技术：在不运行程序代码的情况下，对其进行词法分析、语法分析及语义分析，配合数据流分析和污点分析等技术，对程序代码进行抽象和建模，分析程序的控制依赖、数据依赖和变量受污染状态等信息，通过安全规则检查、模式匹配等方式挖掘程序代码中存在的漏洞。

② 机器学习：对代码进行解析或构建程序切片以保留与漏洞检测相关的信息，使用词嵌入等技术将源代码的中间表示或切片映射到向量空间，借助机器学习或深度学习模型强大的大数据挖掘能力学习源代码蕴含的各类信息，进而实现漏洞检测。同时，可以利用传统静态分析方法提取源代码污点变量的传播情况、净化函数的有效性等信息，丰富模型学习的知识空间，从而获得性能更好的检测模型。

（3）SAST 的应用场景

① 软件开发阶段

在软件开发生命周期（SDLC）的早期阶段，SAST 帮助开发人员在软件开发过程中识别和修复漏洞，而不是等到软件发布后再进行漏洞修补。它可以与软件开发过程中使用的各种工具和系统集成，如源代码控制管理、构建和持续集成、缺陷跟踪、应用生命周期管理（ALM）解决方案。

② 软件安全评估阶段

SAST 在软件发布前对其进行安全评估，检测出可能存在的安全风险，为软件质量保障提供参考。

③ 软件合规检查阶段

SAST 在软件发布后对其进行合规检查，确保其符合相关的安全标准和法规要求，如 GB/T 34944-2017《Java 语言源代码漏洞测试规范》、PCI DSS、CWE、ISO 27001 等。SAST 可生成详细的报告和审计记录，为软件合规证明提供依据。

4. 高敏捷信创白盒 (能力领航者——海云安 🌐 海云安)

（1）高敏捷信创白盒的定义

高敏捷信创白盒指一种更适用于敏捷开发环境、更符合信创国产化要求的源代码检测工具。相对于传统的白盒工具，高敏捷信创白盒具备高敏捷性和信创国产化的特点。

高敏捷性主要指通过算法逻辑、人工智能等优化规则，来实现更高的准确率和检测率，并帮助用户更好理解和修复缺陷，能够更好地嵌入敏捷开发流程，实现更高效的开发安全管控。

信创国产化主要指该类工具本身是我国自主开发、安全可控的国产化产品，能够兼容企业信创环境，并且能够检测代码的自研率，分析和评估项目中自研代码所占比例。

（2）高敏捷信创白盒的核心能力

① 精准指向分析：通过优化 Point-to Analysis（指向分析）以更准确地识别类继承关系和变量实际类型、精准识别过滤函数和防护措施、适配函数式编程等方式，提高检测准确性，显著减少误报。通过预置常见依赖信息、直接基于源代码检测及优化污点追踪算法等方式显著提高检测效率，绝大多数检测可以在 10 分钟内完成。

② 人工智能优化规则：采用机器学习引擎，通过学习用户的审计记录，计算保证检测规则的有效性的置信区间和置信度，自动冻结基于用户审计记录中误报率高的规则，更高效地降低误报率；结合大语言模型（LLM）对检测结果进行误报判断，进一步降低误报率。

③ 利用人工智能修复缺陷：通过大语言模型对实际业务代码进行分析，生成有针对性的缺陷成因解释和可直接应用于缺陷修复的代码，帮助用户更好地理解和修复缺陷。

④ 代码溯源分析：通过计算代码文件及代码片段的指纹与开源代码库进行比对，从而分析和评估项目中的开发人员自研代码所占比例。

（3）高敏捷信创白盒的应用场景

① 在项目交付频繁的情况下推动安全要求落地

目前敏捷开发、DevOps 等模式日渐成熟，频繁的版本交付导致安全防护压力成倍提升。在实践过程中，往往难以平衡安全与效率。

高敏捷信创白盒凭借高准确率和高检测率的特点和利用人工智能修复缺陷的能力，使得安全团队从短期内高质量完成大量代码安全审计的工作中解脱出来，重新回归到安全能力的提供及安全规则的制定工作中。而研发团队将由原来单纯的被监督者，转向更具主动性的自主检测者，形成高效的安全赋能与研发自治的闭环，实现源代码安全审计及整改工作在应用场景下顺利落地。

② 用国产化工具替换国外产品，降低对国外产品的依赖程度

对于已采购国外同类产品的企业，会因为信创政策要求、成本、售后等因素更换国产化信创白盒。高敏捷信创白盒完全由我国自主研发，安全可控，更适配企业信创环境。

高敏捷信创白盒能够识别软件代码自主率，保证系统上线前符合信创要求，降低非信创软件上线产生的软件供应链安全风险。

5. DevSecOps 白盒（能力领航者——腾讯安全 ☁ 腾讯云 | ♡ 腾讯安全）

（1）DevSecOps 白盒的定义

DevSecOps 白盒是指匹配 DevOps 研发模式的新一代 SAST 产品。DevSecOps 白盒使用全新的源代码模糊解析技术，无须依赖编译器即可实现将代码解析成抽象语法树（AST）。同时 DevSecOps 白盒摒弃了传统的基于代码属性图和与检测规则相匹配的技术路线，直接通过模拟执行算法实现代码分析。

DevSecOps 白盒与传统 SAST 产品相比，能够更加贴合 DevOps 流水线，满足高速率、高并发、低误报率等 DevOps 的现实需求。

（2）DevSecOps 白盒的核心能力

① 源代码模糊解析技术：模糊解析器使用启发式方法来猜测可能的语法结构，从而在不依赖编译器、不需要配置开发环境的情况下，通过解析代码得到 AST，AST 无须额外转换即可用于语义分析。由于模糊解析器在运行时不依赖虚拟机或跨进程调用，利用源代码模糊解析技术能够大幅降低白盒产品的资源消耗，有助于大幅提高代码扫描的速度。

② 新一代污点追踪技术：在常见的数据流分析能力的基础上，实现了进一步的突破，具有流敏感（理解执行顺序）、路径敏感（理解分支语句）、上下文敏感（理解函数调用、全局变量）的特点，以及支持跨过程分析和支持丰富的语言特性、重要的动态语言特性，同时支持语言内建库。

基于新一代污点追踪技术，可以有效解决很多使用传统白盒工具无法解决的问题，实现误报率的大幅度降低，如对 Java 反射特性的支持、类变量识别、多态和重载的识别、MyBatis XML 配置分析、对 Python 动态属性特性的支持等。

（3）DevSecOps 白盒的应用场景

① 流水线场景集成扫描

这种方式可通过插件的形式嵌入 CI/CD（持续集成 / 持续交付）默认触发扫描。得益于扫描速度快、误报漏报数量低、适配程度高的优势，DevSecOps 白盒可以实现和流水线的深度集成，作为代码安全质量检测门禁接入流水线，确保发布代码的安全性，减少应用上线后修复漏洞的成本及安全风险。

② 对接代码仓库进行定时扫描

作为代码仓库安全检查工具，对接 Git（分布式版本控制系统）、SVN、FTP 等类型的代码仓库，在配置来源地址、代码仓库地址和用户凭证后，实现与代码仓库的全面、精准对接，对代码仓库内代码进行自动化定时、定期扫描，可支持全量/增量扫描，充分暴露代码存在的安全风险。

③ 本地扫描

支持人工上传代码压缩包进行检测审计，使用 IDE（集成开发环境）插件实时扫描代码。作为独立平台辅助安全审计人员进行代码安全审计，支持在页面进行代码压缩包上传、人工审计结果、报告导出等操作，提高人工审计精度和效率，本地扫描也可作为 IDE 代码扫描功能插件，辅助开发人员进行代码缺陷修复，提升代码编写安全规范和降低代码缺陷修复成本。

6. IAST（能力领航者——孝道科技 ）

（1）IAST 的定义

Gartner 所定义的 IAST（Interactive Application Security Testing，交互式应用安全测试）是指通过 SAST 技术和 DAST 技术的相互作用，提供更准确的应用程序安全测试。IAST 具有 SAST 和 DAST 的优点，成为一个统一的解决方案，使用这种方法可以确认检测到的漏洞是否可利用，并确定其在应用程序代码中的起源位置。

（2）IAST 的核心能力

① 应用程序运行时插桩及动态污点分析技术：能够在不改变原有程序逻辑和结构的前提下，在程序中插入探针代码，从而能够在程序运行时收集和记录程序的动态上下文信息，如方法调用、参数值、返回值、异常信息等，从而能够获取程序运行时的状态、行为、数据流等信息。结合动态污点分析技术，在应用程序运行时标记和追踪外界传入数据的流动路径，根据漏洞原理进行上下文分析，检测应用程序中的应用安全漏洞、风险。

② 应用程序运行时的开源风险检测：通过探针技术，可在应用程序运行时检测出应用程序引入的第三方开源组件及其漏洞信息，并可对其许可风险进行分析，从而降低开源组件带来的安全风险，满足合规要求。

③ 应用程序安全风险运营与治理：实现安全风险运营和管理机制，覆盖安全风险的检测、验证、修复、复测、提示关闭等全流程。通过主动验证、自动复测、修复判断等自动化验证技术，实现内部安全风险管理流程的自动化运营；还可实现应用程序安全漏洞的在线修复和针对外部攻击的安全防护，从而形成应用安全程序风险运营与治理的完整闭环。

（3）IAST 的应用场景

① 在软件开发流程中实现安全左移

IAST 可将安全检测功能嵌入软件开发的功能测试阶段，测试人员只要进行正常的软件功能测试，系统就会进行自动化安全检测，不会对测试工作产生任何影响，真正实现无感知。在软件功能测试阶段发现安全缺陷后立即修复，并主动验证漏洞，检测该漏洞是否修复成功，降低软件携带漏洞上线的风险，有效降低漏洞的修复成本。

② 针对运行时的应用程序进行开源风险检测及安全防护

开源风险检测不仅使用于应用程序构建阶段，即使应用程序已经部署，也可继续检测应用程序运行时使用组件的安全性，以便及时发现和应对新的安全威胁和漏洞。IAST 能够检测应用程序运行时的组件漏洞和风险，并且将组件风险检测与安全防护技术结合，帮助用户规避开源风险。

③ 检测应用程序中的敏感数据泄露风险

应用程序中的敏感数据容易在数据存储、传输等过程中被未授权者获取、披露或暴露，导致敏感数据泄露。IAST 可以实时监测应用程序的数据流，识别敏感数据的传递路径、处理、存储过程，有效控制敏感数据泄露风险。

④ 通过精准运营解决安全漏洞的漏报和误报问题

传统安全测试工具因为无法理解特定的业务逻辑或缺乏完整的测试路径而产生误报、漏报，开发人员难以对大量漏洞逐一进行验证。IAST 能够捕获实际的应用程序运行情况及上下文信息，准确地捕获不同的执行路径，有效减少因为缺乏应用程序运行时信息而产生的误报和漏报问题，并且能够灵活配置检测策略，提升漏洞检测的准确率。

7. 智能模糊测试（能力领航者——云起无垠）

（1）智能模糊测试的定义

智能模糊测试是指一种高级的自动化软件测试技术，它通过结合模糊测试和智能算法等技术来发现应用程序中的漏洞和安全问题。与传统检测技术相比，它具有自动化程度高、程序分析覆盖全面、可实现未知漏洞检测等诸多优势，可更高效和精准地帮助企业解决应用程序的安全威胁问题。

（2）智能模糊测试的核心能力

① 模糊测试：它主要的理念是追寻测试样例的变异，并通过海量的测试数据来覆盖更多的程序执行流，同时监控输入可能导致的应用程序崩溃或异常情况，从而对应用系统的安全性和鲁棒性进行测试。它是系统开发生命周期（SDLC）框架的重要组成部分，其工作原理是通过提供大量畸形数据并将它们输入被测程序，以触发应用程序的崩溃或异常执行状态。

② 遗传算法：用于解决复杂的优化和搜索问题。它通过模拟遗传、交叉和变异等进化操作，逐步改进候选解，找到问题的最优解或近似最优解。

③ 大模型 GPT：采用了 Transformer 架构，可用于自然语言处理（NLP）任务。它通过大规模的预训练，从大量的互联网文本中学习语言的统计规律和语义关联。在预训练过程中，GPT 能够通过多层自注意力机制捕捉长距离依赖关系，并且能够有效地基于上下文信息建模。

④ 语法分析：又称为句法分析技术，是自然语言处理领域中的一项关键技术，用于分析文本的句法结构和语法关系，以便理解文本中的单词之间的语法规则和组织结构，语法分析旨在将自然语言句子映射为一种形式化的语义表示，从而能够更好地理解句子的计算机含义和语法。

（3）智能模糊测试的应用场景

① 稳定性测试：软件与硬件的交互也可能引发问题，模糊测试可以测试软件与硬件的兼容性和稳定性。

② 安全性测试：模糊测试可针对应用程序（包括桌面应用程序、移动应用程序和 Web 应用程序等）、网络协议、嵌入式系统、操作系统、数据库、API 等进行安全检测，以发现已知和未知漏洞，如 0day 漏洞、SQL（结构查询语言）注入、内存溢出、跨站脚本攻击（XSS）等安全威胁。

③ 质量测试：模糊测试可以用于模拟异常输入和不可预测的环境，以确定应用程序的鲁棒性，从而评估应用程序、系统或网络协议在异常条件下的表现和稳定性。

8. RASP（能力领航者——边界无限 boundaryx）

（1）RASP 的定义

Gartner 所定义的 RASP（Runtime Application Self-Protection，运行时应用自保护）指一种安全技术，能被构建或连接到应用程序或应用程序的运行环境中，并能够控制应用程序的执行并实时检测和防止攻击。

（2）RASP 的核心能力

① 探针：根据不同计算机语言开发相对应的探针，如常见的 Java、Golang、Python、PHP（页面超文本预处理器）等计算机语言。在不同语言中使用的探针是不同的，RASP 依赖于向应用程序注入的探针，利用探针对不同语言虚拟机敏感方法进行插桩，在进行插桩之后就能获取应用程序执行上下文及参数信息。

② 高级威胁检测：具备对 0day 漏洞、内存马等高级威胁的检测技术和能力。针对 0day 漏洞，RASP 对应用程序中的关键执行函数（如钩子函数 Hook）进行监听，同时结合上下文信息进行判断，因此能够更加全面地覆盖攻击路径，进而从行为模式层面，对 0day 漏洞进行有效感知，弥补传统流量规则检测方案无法实现的未知漏洞攻击防御。针对内存马，RASP 首先可通过建立内存马检测模型，持续检测内存中可

能存在的恶意代码，覆盖大部分特征已知的内存马。其次，RASP 可以对内存马注入可能利用到的关键函数进行实时监测，从行为模式层面以"主被动结合"的方式发现内存马，以此覆盖剩余的特征未知的内存马。

③ 响应阻断与修复：在应用内部，基于应用访问关系，梳理应用的拓扑关系与数据流，逐步形成应用的安全运行基线，降低在不同应用区域间潜在的攻击者横向移动风险。

（3）RSAP 的应用场景

① 攻防实战演练

伴随着演练经验的不断丰富，攻击队更加专注于应用安全的研究，在演练中经常使用供应链攻击等迂回手法来挖掘特定 0day 漏洞，由于攻防对抗技术不对等，防守方经常处于被动劣势。此时，用户可通过部署和运营 RASP，抢占对抗先机。

演练前，可梳理应用资产，收敛潜在攻击暴露面。RASP 可进行应用资产梳理，形成应用资产清单，明确应用中间件的类型、运行环境、版本信息等关键信息。同时，通过漏洞发现、安全基线检测等功能，结合修复加固手段逐一对问题进行整改，消除应用安全隐患，使应用安全风险维持在可控范围内。

演练中，可持续检测与分析潜在安全风险，实现有效防御与溯源。RASP 通过探针对应用程序的访问请求进行持续监控和分析，结合应用程序上下文信息和攻击检测引擎，使得应用程序在遭受攻击，特别是 0day 攻击、内存马等高级别攻击时能够实现有效的自我防御。另外，RASP 可以从多维度捕获攻击者信息，聚合形成攻击者画像，同时溯源整个攻击到防御的闭环过程。

演练后，结合上下文信息，全面提高应用安全等级。RASP 不仅关注攻击行为中的指令和代码本身，还关注涉及的上下文信息。因此安全人员可以通过 RASP 提供的调用堆栈信息等内容，推动研发人员进行代码级漏洞修复，调整安全策略，进行整体安全加固，全面提高应用安全等级。同时，RASP 支持攻击事件统计分析和日志功能，帮助安全人员快速整理安全汇报材料，显著地提升安全运营工作效率。

② 业务在线修复

研发团队有时引入第三方组件库来加速软件开发过程，且在已知代码存在安全风险的情况下，将软件推入生产环境，造成更多漏洞积压，且软件上线后因排期等问题无法修复漏洞。企业可部署 RASP，设定符合组件漏洞特征的专属漏洞补丁，无须业务重启即可实现在线修复漏洞。

9. ASOC(能力领航者——比瓴科技 Blingsec 比瓴科技)

（1）ASOC 的定义

Gartner 所定义的 ASOC（Application Security Orchestration and Correlation，应用

安全编排和关联）是一种兼顾开发速度和安全的应用安全解决方案。

（2）ASOC 的核心能力

① 软件资产安全风险视图分析能力：利用 ASOC 平台所收集的安全开发过程数据、项目管理数据、安全工具检测结论、安全活动处理数据，打通分散在各个应用系统中的"数据孤岛"，综合形成企业应用系统的软件资产安全风险视图，通过可视化的方式展示应用系统下各类软件资产的安全风险态势，为企业开展软件供应链安全治理工作提供有效的数据支撑。

② 安全编排能力：通过核心引擎将各类资源的核心能力抽象为动作，并以剧本的形式组合各类资源动作，形成可以自动化执行的安全流程剧本，在一个流程中实现各个工具的调度执行。安全编排具备安全管理自动化的能力，通过预先定义好的安全流程剧本，在应用程序的开发和部署过程中自动应用这些剧本，实现安全管理自动化。同时，安全编排可以通过设置时间、收集情报、构建消息等操作自动触发安全控制措施和检测规则，以快速响应安全威胁和漏洞检测。安全编排可以自动化地分析和处理安全事件和威胁，自动触发相应的安全措施，如门禁判断、创建工单、告警等，快速解决问题，减少安全风险。

③ 安全漏洞关联分析能力：基于安全编排能力对企业在开展应用安全开发、测试过程中所产生的流程数据、漏洞数据进行汇聚，通过对漏洞严重性、漏洞可利用性、漏洞可达性、漏洞情报热度和漏洞经营价值进行关联分析，进一步确认漏洞的真实性，提供最佳的漏洞修复优先级建议。

④ 应用安全活动统一管理能力：在企业落地应用安全管理工作的过程中涉及各类应用安全活动，如安全需求分析审核、开源软件准入评估、监管要求专项排查等，在这些活动的开展过程中会涉及人工处理和工具检测，ASOC 平台通过安全编排能力和安全分析能力帮助企业建立应用安全活动统一管控中心，在提升工作效率的同时提高在数据汇聚过程中所产生的各类数据的使用价值。

（3）ASOC 的应用场景

① 应用安全态势感知

客户痛点体现在集团内构建的全应用系统基于软件资产的安全态势感知，缺少数据、无法统一管理、不能做到随到随查；缺少开发侧安全检查手段；攻防演练期间风险排查效率低下、容易失分。

可通过利用平台内置安全检测引擎，补齐开发侧的安全检测能力；安全编排引擎获取客户已有的安全检测工具的检测结果，打通安全检测工具的"数据孤岛"；通过应用安全管理功能，对各类数据进行分析后，以应用的视角进行全面展示，让客户了解各应用的安全态势。

② 软件供应链安全

客户痛点体现在识别 IT 基础设施中的所有开源软件难度较大；许可证的传染性和兼容性使得开源软件相关的合规检查工作的复杂性提升；多维度的风险管理不当可能会给企业带来不可接受的安全风险。

可通过利用安全编排能力自动获取和解析各类开源软件资产；利用应用安全管理能力，统一展示应用的软件资产和开源组件资产；结合平台组件安全管理能力，统一形成企业级的开源组件资产清单，并列出组件的漏洞风险及许可协议风险。

③ 安全开发过程综合管理

客户痛点体现在项目开发过程中研发部门对接安全检测工具的意愿不高，不愿重复对接；安全门禁策略分散在各个系统中，无法统一管理；数据散落在各个系统及工具中，想要了解项目的安全开发、落地执行情况需要人工汇总、分析。

可通过应用安全活动统一管理能力，基于客户的实际业务场景，定制开发应用安全任务，贴合管理诉求；利用安全编排能力串联起各个检测工具，由平台统一对接流水线，自动调度安全检测工具开展检测工作；利用平台安全门禁策略，结合应用安全编排，自动在研发部门执行流水线时判断安全检测结果是否满足安全门禁要求；打通企业内部系统、安全检测工具的数据链，汇聚各系统所产生的业务数据及安全数据，形成项目安全画像及应用安全画像，同时可以对企业落地安全应用开发的各类指标进行分析，通过数据来验证安全应用开发工作的有效性。

10. 应用检测与响应（能力领航者——边界无限boundaryx）

（1）应用检测与响应的定义

应用检测与响应（Application Detection and Response，ADR）是指，以 Web 应用为主要检测与响应对象，以 RASP 技术为内核，采集应用运行环境与应用内部的用户输入、上下文信息、访问行为等流量数据并上传至分析管理平台，辅助威胁情报关联分析后，以自动化策略或人工响应处置安全事件的解决方案。

（2）应用检测与响应的核心能力

① 应用运行时的入侵检测技术：可利用 JAVA、PHP、Golang 语言实现数据采集，采集数据之后，核心算法引擎将根据应用运行时的上下文信息来进行准确的攻击分析及决策。

② 探针功能解耦技术：基于分离加载技术方案实现了探针功能插件化，使探针具备热插拔能力，从而根据企业的实际需求，保障业务性能和功能的相对平衡。

③ 代码框架分析技术：基于应用中包含的标准方法，在程序运行时调用框架中的接口定义方法，来获取程序中的 API 资产。

④ 组件库调用分析技术：在 Java 中，通过 JVM（Java 虚拟机）提供的 JVMTI（Java

虚拟机工具接口）技术将探针注入目标应用，实现完整获取应用程序中加载的 Jar 包（一种 Java 文档格式）。PHP 通过解析应用程序的 composer.lock 文件来完成组件库的采集，若应用程序中未存在 composer.lock 文件，将通过降级解析 composer.json 文件来完成组件库的采集。

⑤ 流量请求分析技术：探针在注入应用程序之后，通过 Hook 的方式获取应用输入和输出请求，通过采集输入和输出请求对数据进行分析，可发现应用的流量行为及在当前上下文信息中的数据意义，也可分析出应用与应用之间的调用关系，形成业务拓扑图。

（3）应用检测与响应的应用场景

① 应用安全体系建设

对企业而言，应用安全体系是一个技术体系，单一的安全产品无法真正实现应用安全。在一个完整的应用安全体系里，有很多执行不同任务的安全产品，它们联合作战，在功能上互相弥补，才能实现保卫应用安全的目标。目前 WAF 等传统边界防护产品暴露出的不足催生了 ADR 等新型应用安全防护技术的诞生。ADR 不但可以跟 WAF 等进行能力互补，还可以与 SCA、SOC（安全管理中心）、WAAP、HIDS（主机入侵检测系统）、HDR（主机检测与响应）、容器安全、云原生安全能力（如微隔离）等在不同场景下形成合力，从而构建纵深防御、全面监控的企业整体应用安全体系。其中，ADR 是不可或缺的，它具有深入应用内部的特性，是应用安全的"最后一道防线"。ADR 针对应用的框架、组件、业务属性、时间线等具备细粒度的资产管理能力、可视化的资产信息展示能力。除此之外，对于应用框架中的第三方组件库，ADR 具备动态采集、加载组件库信息的能力。ADR 通过流量请求分析技术和代码框架分析技术对应用进行离线流量分析和代码框架 API 数据采集，实现对 API 资产的自动发现和 API 资产的可视化；通过 API 的流量访问情况检测出是否存在影子 API；内置的海量敏感信息检测库，能够对 API 的参数及请求头等关键内容进行风险评估，为 API 安全优化提供辅助性的策略。未来，ADR 技术的应用将向云原生应用程序保护平台的方向发展演进，将为企业的应用安全防护提供更有力的支持。

② 软件供应链安全治理

在安全运营团队处理高危漏洞时，ADR 可以提供全部组件库资产信息清单，精准定位组件涉及的应用范围及组件路径、版本等相关信息，帮助团队快速完成前期统计工作；在制订漏洞修复计划时，ADR 可以提供组件的加载情况，对于被应用引入但实际并未调用的组件库，可以安排后期修复，先期对被调用的组件应用进行优先修复，帮助安全运营团队确定应用漏洞修复优先级。尤其是客户外采或者外包的软件产品，一旦其出现高危漏洞，将使客户面临极大的风险，ADR 可以有效保障这些供应商提供的应用在业务运行时的安全状态。ADR 基于 RASP 的免重启探针注入技术，可以在不影响业务运行且不需要改动任何代码的情况下将安全防护能力注入老旧业务，消除老旧代码无人维护，需要长期"负伤"运行导致的安全风险；对于早期采购的业务系统，可能由于供应商无法提供源代码，出现难以自行维护的情况，ADR 可以采用虚拟补丁技术，提供方法级的应用漏洞补丁，持续保障老旧业务平稳运行。

3.4.3　互联网业务安全

互联网业务安全是指针对组织或机构基于互联网环境展开的信息交互、电子交易、品牌推广等业务活动实施的安全防护。

1. API 安全（能力领航者——奇安信）

（1）API 安全的定义

API 是在不同应用程序之间，用于传输数据或进行功能调用的接口，本身存在脆弱性和被恶意利用或滥用的风险。此外，还可以基于 API 的识别、梳理、监测和管控实现多种场景下的安全防护手段。

API 安全就是控制 API 安全风险和利用 API 安全防护能力的方法的统称。

（2）API 安全的核心能力

① 基于源代码的 API 识别：通过静态代码分析发现应用程序中的 API，梳理项目中的 API 资产及分析 API 对应方法 tag（一种标记 API 的机制）例如，方法涉及 SQL、控制器、服务、视图等，生成 OpenAPI（开放式应用编程接口）文档，助力业务部门在 API 的设计、开发和测试阶段的管理。

② 基于流量特征的 API 识别：对 HTTP 流量中的 URL、host、请求体、响应码、响应体等报文进行分析，实现精准识别流量中的 API 目标，并识别服务器 IP 地址、服务器端口、服务器域名、接口地址、接口类型、接口访问方式、请求的敏感数据标签、响应的敏感数据标签、接口访问量、首次发现时间、最新发现时间、HTTP 版本信息等内容。

③ 基于 API 的数据爬取风险监测分析：对特定访问源或特定类型接口的周期性的访问行为进行统计研究，发现敏感数据爬取、接口缺乏速率限制等问题，并基于上述风险行为生成数据安全事件线索。

④ 基于 API 的敏感信息传输风险监测分析：对数据接口访问的密码信息、敏感信息、弱加密算法特征进行研究，发现密码明文传输、弱加密及 URL 中包含敏感信息等问题，并基于上述风险行为生成数据安全事件线索，实现密码明文传输、弱加密及 URL 中包含敏感信息的风险识别。

⑤ 基于 API 的接口鉴权风险监测分析：对数据接口访问的鉴权信息、鉴权方法、

参数信息及请求和响应的数据内容进行特征分析和统计研究，发现接口未鉴权、接口使用默认鉴权方法、接口参数可遍历及 URL 中包含鉴权信息等问题，并基于上述风险行为生成数据安全事件线索，实现接口未鉴权、接口使用默认鉴权方法及接口参数可遍历等的风险识别。

⑥ 基于 API 的安全防护：在特定 API 的路径、方法、参数及源 / 目的 IP 地址等维度的自定义配置，利用黑白名单和限流限速技术，实现 API 的精细化管控。

（3）API 安全的应用场景

① 数据安全建设

API 是应用系统与应用系统、应用系统与微服务、微服务与微服务之间传输数据的重要且唯一的通道，API 安全防护方案为数据安全、数据流转监测提供数据传输通道监测功能，为数据安全建设提供更多 API 维度的资产分析、行为分析、涉敏信息传输分析及风险分析的数据。

② 应用安全建设

随着企事业单位信息化普及、数字化转型建设，传统的边界安全防御技术已不能完全满足应用系统安全防护体系建设的需要，保证应用系统安全不仅要保证边界安全更要关注应用系统对外提供服务、传输数据的 API 安全，API 安全防护系统为保障应用系统安全提供安全防护解决方案。

2. 安全 DNS（ 能力领航者——电信安全 ct² 电信安全 China Telecom Cybersecurity Tech）

（1）安全 DNS（域名系统）的定义

安全 DNS 是指基于稳定高效的域名解析，结合高准确度、高质量的机读威胁情报，准确识别办公网络中失陷主机对恶意域名的请求，并实现实时阻断拦截。

（2）安全 DNS 的核心能力

① 轻部署：通过软件部署的方式实现安全防护，不改变用户网络架构、不增加硬件设备、不改变用户上网习惯，软件部署简单便捷、无感知。可实现网络出口统一部署，内网全部接入终端共享安全能力，并同云端安全 DNS 服务器及威胁情报库协同配合实现用户的 DNS 安全防护功能。

② 简运维：部署软件时用户无感知，并提供移动端的用户自服务界面，满足用户操作便捷的需求。

③ 精准拦截：实时更新的威胁情报库是保障安全 DNS 拦截效率的基础，安全 DNS 的云端威胁情报库采用多级构架搭建，只要发现新情报，全网更新情报库、统一更新防护策略，有效保障基于安全 DNS 抵御 APT 攻击、恶意软件、僵木蠕、勒索软件、挖矿、钓鱼等安全事件的拦截效率，实现精准拦截。

（3）安全 DNS 的应用场景

① 绿色校园

可以用于建立网络监测机制，及时识别网络攻击行为、屏蔽不良网络信息，提升校园局域网安全态势感知能力，并健全应急管理机制、建立网络安全事件协同处置机制，确保各类网络故障和安全事件得到快速响应、有效处置。

② 保障商业客户安全

商业客户会遇到使用店铺 Wi-Fi 支付被恶意诈骗、使用店铺 Wi-Fi 访问违法网站被通报、餐饮系统中毒卡顿影响顾客体验、安全监管检查等情况，安全 DNS 通过域名拦截，避免用户遭遇此类安全问题。

3.5　基础与通用技术

基础与通用技术是指数字安全体系中必备或普遍适用的数字安全能力，数字安全能力图谱将其划分为 8 个一级领域和 21 个子领域，如图 3-5 所示。

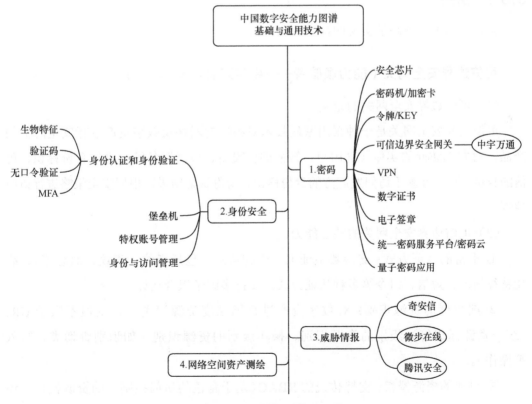

图 3-5　基础与通用技术图谱

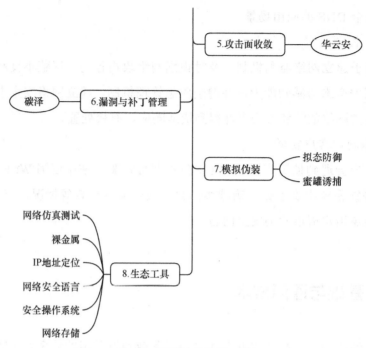

图 3-5　基础与通用技术图谱（续）

3.5.1　密码

密码是指利用密码学实现的数字安全能力。

可信边界安全网关（能力领航者——中宇万通　北京中宇万通科技股份有限公司　）

（1）可信边界安全网关的定义

可信边界安全网关是一种采用密码技术对组织的网络及数字资产进行安全防护的产品，对发起访问的实体（含用户、智能硬件设备、应用服务等）进行身份标识、可信的身份认证，并基于访问发起方的身份标识、身份认证结果，根据安全策略进行访问控制。

（2）可信边界安全网关的核心能力

① 丰富的认证方式：支持数字证书、生物信息（包括指纹、声纹、面容等）、终端特征信息、短信、口令等多种认证方式，支持多因子组合认证。

② 细粒度的资源识别：对数字资产进行细粒度资源识别，包括但不限于 URI（统一资源标识符）级别的资源识别、操作级别的资源识别（如识别查询类、写入等操作）。

③ 灵活的资源授权：支持传统的 RBAC（基于角色的访问控制）的资源授权，还应支持 ABAC（基于属性的访问控制的授权管理），并且可根据对访问发起方进行的实

时的、多因素的安全性综合评估，进行动态的授权调整。

④ 访问过程监控：对访问过程进行实时监控，判断访问是否符合安全策略，当检测到异常访问后，可根据预置的安全策略进行实时处理。

⑤ 通信链路加密：对在访问者与网关之间传输的一切通信数据进行加密处理，访问过程无法被监听破解，有效防止数据被截获或被篡改，保证通信的安全性、完整性和机密性。

（3）可信边界安全网关的应用场景

① 企业网络安全接入

可信边界安全网关可以帮助组织实现网络安全接入，在组织的网络边界上建立安全屏障，通过多种认证方式，对所有进出的网络流量进行安全检查和过滤，防止未经授权的访问和数据泄露，保护组织的网络和数据资产的安全，提高网络整体安全防护能力。

② BYOD（自带设备）安全防护

可信边界安全网关可实现对 BYOD 的安全防护，通过对接入的 BYOD 进行身份鉴别和访问控制，确保只有经过授权的 BYOD 可以访问网络资源，提高安全性和稳定性。

③ 移动办公安全防护

可信边界安全网关可以消除移动办公过程中的安全隐患，防止移动设备受到攻击和数据泄露，对移动设备或用户所处的网络环境进行安全防护，限制不安全或非法的应用访问，提高移动办公的安全防护能力。

④ 物联网平台安全防护

可信边界安全网关可以实现物联网平台的安全防护，在智能硬件设备与物联网平台间的通信过程中建立安全可靠的网络连接，对通信数据及控制指令进行加密保护，保护数据和指令的机密性和完整性，并且对物联网平台进行精细化的访问授权控制，确保物联网平台的安全性。

3.5.2 威胁情报

威胁情报是指对网络安全威胁的相关数据或信息进行收集、加工、分析和传递，为提高威胁检测与响应的效率及组织的决策水平，提供支持的信息系统。

1. 威胁情报的能力领航者

（1）能力特殊性

威胁情报涉及的数据或信息种类众多，如恶意代码、URL/DNS、TTPs/ATT&CK（网络攻击的战术、方法）、IOC/IOA（失陷与攻击指标）、日志信息、蜜罐信息、开源信息、数据泄露信息及空间测绘信息，还包括基于大数据、AI 等技术挖掘出来的高价值情报数据，包括但不限于攻击者的归属关系、行为特征、画像特征，威胁事件的时序关系、技法机制等。相关数据的丰富和全面与否，在很大程度上决定了不同威胁情报供应商提供的威胁情报数据的质量。

此外，不同威胁情报供应商对于这些数据的处理和加工能力也尤为关键，威胁情报供应商需要具备成熟的情报挖掘和生产体系才能生产出高质量的威胁情报数据，而高精准度、高覆盖度、上下文信息丰富的高质量威胁情报数据是衡量威胁情报供应商所提供威胁情报数据质量和处理、加工数据能力的重要指标。

（2）应用特殊性

从应用角度来讲，威胁情报本身是一种全新的安全能力，能够极大程度地提升现有安全架构下各类安全设备的威胁检测和安全防护能力，因此不同威胁情报供应商所提供的威胁情报在终端、DNS、SOC 等场景下的应用能力对于发挥威胁情报的价值非常重要。威胁情报供应商需要提供足够完善和全面的威胁情报场景化应用方案，降低政企的威胁情报应用难度。

（3）能力领航者

综合以上因素，结合我国数字安全市场，数世咨询推荐 3 家威胁情报供应商作为多源威胁情报能力领航者供用户参考，如图 3-6 所示。

图 3-6　多源威胁情报能力领航者

2. 威胁情报的核心能力

（1）安全大数据广谱采集：威胁情报的能力，依赖种类多样、收集周期长、来源广泛的安全数据，广谱数据可以更全面地覆盖威胁事件。

（2）大数据挖掘和分析：通过分析、处理海量数据，挖掘出潜在的威胁行为和模式，同时提供实时的数据分析和可视化，以便更好地了解威胁趋势和模式。

（3）人工智能：辅助自动化数据分析和处理大量的威胁情报数据，从而实现快速响应和抵御威胁，人工智能在威胁情报领域中的应用有恶意代码检测、自然语言处理、构建威胁知识图谱、威胁元素的关联分析等。

（4）网络资产扫描：通过主动扫描网络，获取和分析网络资产，以帮助组织了解其网络拓扑、配置和安全漏洞等情况，从而及早修补漏洞，防止黑客利用漏洞进行攻击。

（5）威胁自动化感知与诱捕：感知全网最新的威胁，如流行的僵尸网络、最新的漏洞等，为威胁情报生产提供重要的原始数据。

（6）威胁知识图谱分析：具备构建整个威胁知识图谱的能力，用于情报的拓线、聚类及黑客团伙的发现。

（7）自动化恶意软件分析：对包括样本数据在内的海量数据进行动态、静态自动化分析，为威胁情报的挖掘和提取提供重要输入。

3. 威胁情报的应用场景

（1）攻击检测与威胁狩猎

威胁情报可以帮助组织及时发现并预警可能出现的攻击事件，从而采取相应的防御措施。通过分析威胁情报，可以追踪攻击者的行为轨迹和攻击手段，帮助组织了解攻击者的动机和目标，并采取相应的对策。

（2）赋能终端、网关及 SOC 等安全设备

通过威胁情报，能够及时发现并更新针对该行业的情报信息，如攻击者 IP 地址、特征、攻击手法等，并利用该情报预先在边界防护设备、检测分析设备、SIEM、SOC、态势感知平台等不同安全设备上更新最新威胁情报，提升产品威胁检测能力。

（3）安全事件响应

具有高度定向性与针对性的高级威胁，严重依赖于攻击目标自身的本地化数据与判断能力。威胁情报可以通过人工智能、大数据分析及知识图谱等技术，提供实时的威胁情报数据和分析结果，帮助组织及时发现和应对安全事件，减少损失。

（4）漏洞管理

结合高精准度、及时的威胁情报数据，组织可以对已知影响较大、危害较大的漏洞，进行准确的实际安全风险判定，获得更丰富的技术细节、漏洞复现、风险缓解和系统防护信息，进而帮助企业在生产环境中对受影响资产进行漏洞检测、排查、监测、修复。

（5）恶意代码分析

针对流行的恶意代码和攻击，基于互联网流量和样本数据生成的威胁情报可以提供关于最新的恶意软件样本、行为和特征等的信息，帮助组织分析和检测恶意软件，并采取相应的防御措施。

（6）溯源分析，提炼攻击者画像，发现攻击意图

通过对网络、终端的威胁情报数据进行智能关联分析，企业能够完整还原攻击者的攻击路径、被感染主机的内网活动地图，实现溯源分析。结合威胁情报中关于攻击者特征与资产的内容，企业可以发现攻击事件发起黑客团伙及黑客团伙背景信息、攻击意图等关键信息。

（7）政策制定和决策支持

威胁情报可以为组织提供关于威胁态势和趋势的信息，帮助组织制定相应的安全政策和决策，提升整体安全防护水平。

（8）威胁情报共享

可以在组织之间共享威胁情报，促进组织间的合作，进一步降低威胁情报的应用门槛，提升威胁情报使用效果及体现最终客户侧的威胁情报价值，从而在整体上提高国内安全防护水平。

3.5.3 攻击面收敛

攻击面收敛是指基于风险理念和攻击者视角，以资产及其弱点为对象，通过资产发现与管理、威胁情报预警、弱点验证、风险优先级评估、弱点可利用性分析等安全手段，对可能被攻击的资产暴露面提供持续收敛的解决方案。

攻击面收敛（能力领航者——华云安 YUL·AI 华云安）

（1）攻击面收敛的核心能力

① 资产发现与管理

a. 针对内部可控资产，采用 Open API 对接当前资产数据，以防御视角融合多元化数字资产信息，精确管理硬件、系统、应用、中间件等的关键信息。

b. 针对外部半可控、不可控资产，采用大数据及知识图谱模型技术，将海量影子资产、隐匿资产以关系图的形式，更加清晰地呈现出来，快速发现企业暴露的资产信息。

② 威胁情报预警

a. 多维度威胁情报获取：打通企业内外部威胁情报接口，自动采集 CNVD、NVD、CVE 等国内外各大漏洞库、主流产品厂商、安全机构发布的漏洞情报及其行业专属威胁情报。

b. 资产与威胁情报关联预警：基于最新威胁情报与资产库全量资产的自动化匹配，在威胁情报影响范围与资产组件的版本一致时，展现疑似受影响资产信息。

③ 弱点验证

弱点验证通过结合主、被动漏洞扫描和自动化脚本、PoC（概念验证）的形式检测资产的漏洞并验证真实性。

④ 风险优先级评估

a. 通过关联业务重要性排序，并基于客户安全场景，持续演进漏洞优先级技术（VPT），动态地为需要修复的漏洞排定优先级。

b. 具备双视角融合攻击面管理和风险管理架构，贯穿管理流程与底层功能。

⑤ 弱点可利用性分析

弱点可利用性分析结合自动化渗透和攻击模拟技术（BAS），梳理企业内部真实存在的攻击及迭代攻击模型，对多类型弱点进行关联，发现隐藏的漏洞，深度挖掘企业攻击面，并按照 Kill Chain（杀伤链）对目标进行细粒度的模拟攻击测试，呈现完整的攻击链路和方法。

（2）攻击面收敛的应用场景

① 资产关联分析

新业务导致发现暴露面难，未对资产进行关联分析和梳理。资产关联分析以知识图谱模型为底座，结合互联网威胁监测技术，将外网资产传递到内网资产攻击面管理中心处，对资产类型进行标准化、归一化处置，持续分析主机资产、Web 资产、容器集群、物联网资产、数字资产等多维度资产间的关联关系。当某一资产出现风险时，可快速呈现整体攻击链路及其所关联的资产信息，定位相关业务部门协同处置，有效收敛。

② 风险资产处置

风险资产处置涉及多个业务部门，面对海量漏洞告警，需要大量排查时间。

风险资产处置采用技术、人员、流程融合的思想，实现资产攻击面管理处置的自我闭环。在弱点管理中，针对资产及其弱点的处置信息、处置状态、处置阶段、处置进展、工单详情进行全生命周期的自主跟踪，实现自动化处置和检测，打上风险标记，并记录所有资产及其弱点的变更、操作、风险处置信息。在攻击面收敛过程中，通过弱点验证、优先级评估、可利用性分析、智能渗透等技术持续验证真实攻击面，协助运营人员、安全人员快速处置安全事件。

③ 安全效果量化

安全建设强监管，设备繁多，多部门协同，工作量化难。

安全效果量化以攻击者视角深度分析当前系统、应用程序、组件等可利用的弱点，并结合业务属性分析漏洞可能引发的风险和潜在的危害，客观评价弱点和潜在攻击造成的失陷影响，以运营、安全防护、管理三方视角呈现人员、流程、工具的工作响应态势、安全防护态势、安全投入证明。

3.5.4　漏洞与补丁管理

漏洞与补丁管理是持续地识别、评估、处置组织网络及信息系统等数字资产脆弱性及跟踪脆弱性修复的过程。安全防护的底层逻辑是攻防对抗，而对抗是以脆弱性为核心展开的，因此漏洞与补丁管理是安全运营最基础、最重要的工作之一。

漏洞与补丁管理（能力领航者——碳泽信息🄯碳泽TANZE）

（1）漏洞与补丁管理的核心能力

① 风险全生命周期管理

风险全生命周期管理通过对资产进行周期性安全评估，识别组织的各类网络资产，发现其中的脆弱性并提供有效的修复手段，跟踪脆弱性的修复状态，从而持续对风险进行全生命周期管理。

② 优先级评估

优先级评估通过结合资产上下文信息和漏洞情报，从业务影响程度、资产重要程度、漏洞严重程度、漏洞利用难度、资产防护措施等维度对漏洞进行修复优先级评估，减少安全人员面临的漏洞噪声。

③ 数据指标化

数据指标化可统计安全侧、研发侧、运维侧等不同维度的指标，如漏洞状态、漏洞归属、漏洞来源、资产分布、业务分布等，分析资产和漏洞的发展趋势，为漏洞管理策略提供数据支撑。

④ 开放集成能力

开放集成能力可以通过 API 等导入第三方资产，确保资产评估的覆盖率，或者通过 API 将数据推送到 SIEM（安全信息和事件管理）、SOC、项目 / 工单管理工具等安全或生产工具中。

（2）漏洞与补丁管理的应用场景

① 批量资产风险评估

安全人员在进行资产风险评估时，不仅需要识别各种资产类型，也需要评估资产漏洞与补丁状态，如果仅仅依靠人工评估风险，其效率和效果都会大打折扣。漏洞与补丁管理工具中内置海量资产指纹和漏洞检测规则，安全人员只需简单对其配置即可完成资产风险的批量评估工作。

② 漏洞闭环处置

漏洞闭环处置包含漏洞修复优先级判定、工单流转、漏洞修复结果确认、过程记录等流程，涉及跨部门沟通协调、比对扫描数据、流程处置记录等烦琐的工作，导致大量漏洞"只发现不处理"，或者根本不知道某些漏洞的处置情况。漏洞与补丁管理工具记录发现的每个漏洞，扫描数据更新时将自动更新漏洞状态；并提供工单帮助用户跟踪和保存处置流程，确保每个漏洞得到妥善的处置。

3.6 体系框架

体系框架是指多种安全技术、产品的整合，并体现了一个相对完善的安全理念，能力图谱将其划分为 8 个一级领域，如图 3-7 所示。

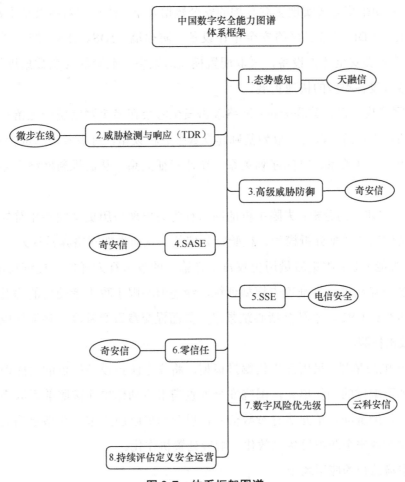

图 3-7　体系框架图谱

3.6.1　态势感知

态势感知是指一种由内外部多维数据驱动的、综合性的安全管理与运营体系。该体系对网络安全态势相关的所有安全要素进行收集并处理，结合大数据平台进行智能化关联分析，以实现对网络安全态势的全面感知、主动防护、风险预测和联动响应。

态势感知（能力领航者——天融信 天融信TOPSEC ）

（1）态势感知的核心能力

① 大数据存储计算：针对安全数据来源多、产生速度快、留存时间长、响应要求高等特点，采用具有分布式、并行化、内存化特点的大数据存储分析技术进行安全数据的收集存储、分析计算，实现海量安全数据存储计算的高性能、高可靠、高扩展特性。

② 多源异构数据采集：通过 Syslog、SNMP、文件、JDBC（Java 数据库互连）、

Kafka 等主被动采集方式实现多源异构的安全数据采集，跨厂家对接类型丰富的设备，包括但不限于 EDR 设备、网络安全审计设备、防火墙、IDS、IPS、统一威胁管理设备、WAF 等各类安全防护设备，采取配置模板对采集、汇聚的安全数据进行标准化，以此进行接入设备类型的快速扩展。

③ 对网络攻击进行关联分析：网络攻击发生时会在多个网络资产上留存一系列相关性较高的攻击痕迹，以此现象为基础建立数据分析模型，对多条日志进行关联分析，检验其字段值关联关系、时间序列关系、统计特征关系，从而推断网络中存在的攻击行为。

④ 用户实体行为分析：失陷主机的网络行为会出现与历史基线不相符的情况，以此现象为基础建立数据分析模型，检验行为偏差，从而推断网络异常行为。

⑤ AI 智能分析：收集海量历史攻击事件输出的攻击行为样本，提炼攻击者特征，采用深度学习算法进行多维攻击模型训练，涵盖但不限于攻击者使用的恶意域名、攻击者使用的恶意 URL、木马会话心跳频率、页面提交参数等维度，将训练成功的模型用于实际攻击检测。

⑥ 安全响应编排：采用流程化编排模型，将安全防护设备提供的功能调用接口抽象为一系列可编排的动作单元，围绕安全处置需求将动作单元按照前后顺序、执行条件进行编排，配置动作单元执行参数信息，以此形成响应剧本，在指定响应剧本条件下自动触发实现安全防护设备高效化、响应处置协作化。

（2）态势感知的应用场景

态势感知应用于行业监管、保障企业合规和安全运营服务 3 类主要场景。

在行业监管场景下，对行业重要单位的网络进行实时监测、通报预警、态势感知、威胁情报共享。在保障企业合规场景下，实现网络安全数据留存审计、安全事件集中监控处置、安全设备集中监控和策略配置，帮助企业达到网络安全等级保护规定的要求。在安全运营服务场景下，基于云平台向客户提供基于态势感知平台的安全运营服务，将客户本地安全数据引接态势感知平台后，由安全服务人员向客户提供安全运营服务，实现安全事件监测、研判处置、安全态势报告。

3.6.2 威胁检测与响应

威胁检测与响应（Threat Detection and Response，TDR）是指以全流量检测与分析技术为核心，结合威胁情报分析、脆弱性检测、加密流量解析、日志分析、EDR、SOAR、沙箱、专家服务等功能模块，实时识别、分析和处置威胁，以网络攻防对抗为主要场景的一体化解决方案。

威胁检测与响应（能力领航者——微步在线 ● 微步在线 ）

（1）威胁检测与响应的核心技术

① 流量检测与分析：通过收集、分析和解释网络流量数据，识别、阻断潜在威胁，根据源和目的 IP 地址、端口、协议类型、协议数据包内容等信息进行分析，并可借助安全策略与防火墙等安全网关类安全防护设施完成自动化阻断。结合机器学习和人工智能等技术，通过学习正常和异常网络行为模式，自动检测并响应未知、复杂或不断变化的威胁。

② 终端威胁检测响应：在终端上进行的威胁检测和响应动作包括 IoC（威胁指标）失陷检测、恶意文件与代码检测、IoA（攻击指标）行为检测等。IoC 失陷检测借助威胁情报提供的恶意 IP 地址、域名等失陷指标进行对攻击行为的判定，文件特征检测是以文件特征（如哈希值、文件大小、创建时间等）为基础，识别并检测可能含有恶意代码的文件。终端行为检测是通过监控和分析终端设备行为，以此识别和发现安全威胁的技术，可根据系统中的行为进行分析，实时发现非常规、可疑或恶意行为，及时防止或应对可能出现的安全事件。

③ 威胁情报：具备高时效性、高准确性、高丰富度和可操作性的威胁情报，包括 IP 画像及黑客团伙画像的画像类情报、包括攻击工具情报及攻击手法情报的 TTPs 类情报、iOA 及 Yara 的攻击资产类情报及 C2（命令与控制）、"钓鱼"、IP 信誉、域名信誉、哈希信誉等基本情报。

（2）威胁检测与响应的应用场景

① 全网威胁发现和处置

安全运营人员面对庞杂的系统资产的最大的挑战往往是进行梳理和风险排查，难以确定生产网及办公网的整体安全态势，无法有效定位高危攻击事件。威胁检测与响应结合资产扫描、流量检测和终端溯源，可以帮助用户清晰掌握网络内的全部资产与服务，梳理安全脆弱点，实现全网的威胁监控，精确识别最需要关注的攻击行为，包括外部攻击、内网渗透、失陷反连、可疑与敏感行为等，并且精准定位失陷主机，第一时间进行响应和处置。

② 邮件检测与钓鱼防范

钓鱼邮件的威胁日益增大，同时攻击形式也不再局限于邮件链接或邮件附件，还包括社交媒体、通信工具、二维码、钓鱼软件等。此类威胁防护难，一方面体现在其伪造水平高，投递的样本对抗杀毒软件的能力强，另一方面因其针对分布广泛的员工入手，攻击成功率极高。通过威胁检测与响应的邮件威胁检测、终端安全检测、沙箱分析等技术，可以有效针对钓鱼式攻击进行检测和预防，协助用户降低整体安全风险。

③ 攻防演练与重保实战

无论是攻防演练还是重要时期保障实战，都需要在前期布防、攻击监控与研判溯源、攻击封堵等环节进行周密的安排。而随着 0day 攻击与最新攻击手法越来越难被发现和溯源，传统的防御手段已经难以为继。通过威胁检测与响应，可强化网络侧的攻击检测能力，基于精准的威胁情报、高质量的规则和模型，及时发现外部攻击，并联动边界防护设备进行阻断，同时还可自动化复现攻击者的入侵过程，进行溯源反制。

3.6.3 高级威胁防御

高级威胁防御是指，通过将威胁预警、威胁监测、威胁分析溯源、威胁响应处置等能力融为一体的安全防护体系，有效抵御攻击者对具备重大价值的特定目标实行的高级攻击手段。

高级威胁防御（能力领航者——奇安信 奇安信）

（1）高级威胁防御的核心能力

① 异常行为场景检测：在网络中，攻击产生的异常数据流的行为特征有别于正常访问场景下的行为特征，它可通过与异常行为模型进行匹配被发现。在长期面对攻防对抗特定场景的安全威胁分析中，可提炼出特定行为场景模型，如基于 0day 攻击过程中附带产生的异常行为痕迹，可辅助进行高级威胁的检测。异常行为检测模型包括 DNS 服务分析、非常规服务分析、Web 服务器行为分析、登录行为分析、数据库行为分析及访问行为分析等。

② 基于大数据挖掘分析的恶意代码智能检测：根据已知的正常软件和恶意软件的大量样本，通过数据挖掘找出上述两类软件最具有区分度的特征，建立机器学习模型，使用机器学习算法，得到恶意软件识别模型。通过获得的模型对未知程序进行分析判断，即可获得软件为恶意软件的概率，从而在可控的误报率之下尽可能多地发现恶意程序。

③ 主动攻击诱捕牵引：依托威胁检测设备检测规则对某些特定的流量进行检测，联动网络转发设备主动、智能地将攻击流量牵引至蜜网中，达到欺骗、捕获攻击者的效果。

④ 基于机器学习的钓鱼邮件检测：借助还原出的邮件原文进行分析，提炼基于邮件头部信息、主题、正文、链接、脚本等的多维度特征，输入"异常邮件检测模块""钓鱼邮件检测模块"中进行训练。机器学习检测模块利用随机森林、GBDT（梯度提升决策树）等机器学习集成算法生成检测模型，基于生成的检测模型针对钓鱼邮件进行检测。

⑤ 入侵与攻击模拟（BAS）：自动模拟如 C2（命令与控制）攻击、针对组织电子

邮件系统的网络钓鱼攻击、对端点的恶意软件攻击，甚至是网络内的横向移动等攻击场景，可以执行各种破坏和攻击模拟，测试企业系统的安全性。

⑥ 基于互联网大数据发掘 APT 攻击线索：由于 APT 攻击的复杂性和背景的特殊性，仅依赖单一的数据经常无法有效发现 APT 攻击背景，难以实现真正的攻击追踪溯源。由于任何攻击线索都会有相关联的其他信息被捕捉，所以对互联网数据进行挖掘可极大程度地提升未知威胁和 APT 攻击的检出效率，而且由于数据的覆盖面更大，可以实现攻击的精准溯源。

（2）高级威胁防御的应用场景

① 针对 APT 攻击和未知威胁的有效安全防护

基于广阔的数据覆盖面，高级威胁防御系统的威胁检测和行为分析有了足够的数据基础，可以实现更精准的攻击溯源，极大程度上解决了未知威胁检测和行为分析的难题。

② 重大安全事件的快速响应

基于威胁情报的上下文信息，可以帮助安全运营人员发现、研判和处置重大安全事件，如 "永恒之蓝" 事件、APT 事件、NotPetya、Mirai Botnet。

③ 网络攻击的回溯和分析

高级威胁防御系统可还原和存储网络流量的元数据，可以帮助客户回溯已经发生的网络攻击行为，分析攻击路径、受感染面和信息泄露状况。

3.6.4 SASE

SASE（Secure Access Service Edge，安全访问服务边缘）是 Gartner 定义的技术概念，在我国是指一种将网络即服务和安全即服务功能结合起来，以满足数字企业需求的新兴技术，是基于实体身份、实时上下文信息、企业安全、合规策略，以及在整个会话中持续评估风险的服务；实体身份可与人员、人员组（分支办公室）、设备、应用、服务、物联网系统或边缘计算场景相关联；它将全面的广域网功能与全面的网络安全功能相结合，以云的方式统一交付，从而满足企业的动态安全访问需求，帮助企业进行数字化转型。

SASE（ 能力领航者——奇安信 ）

（1）SASE 的核心技术

① 安全能力编排：集成组网引流、智能选路、身份认证、动态访问控制、网络攻击防护、恶意代码查杀、上网行为管理、应用访问内容安全审计、敏感数据泄露检测等安全防护能力，安全防护能力可根据用户需求进行编排使用。

② 云原生架构：POP（网络服务提供点）具备云原生特性，包括弹性扩容、自适应、

自恢复、迭代迅速等特性，分摊客户开销以提供最大效率，满足新兴业务需求。

③ 统一安全管理与运营：为各类办公终端在各种网络接入环境下提供统一安全接入认证、统一安全策略部署、统一威胁事件分析、统一应急响应处置等安全保障，实现全局化的安全防护和服务化的安全运营；定期进行威胁检测、安全事件跟踪，防范各类网络安全风险、隐患。

（2）SASE 的应用场景

① 互联网统一安全访问

互联网统一安全访问为在互联网应用场景中的用户和终端提供网络访问控制、网络攻击防护、恶意代码查杀、恶意网站防御、上网行为管理、上网日志安全审计、敏感信息泄露检测等安全防护服务。

② 内网及私有云应用安全访问

内网及私有云应用安全访问为在内网应用场景中的用户和终端提供身份管理和认证、终端环境风险感知、应用动态访问控制、应用隐藏保护、数据传输加密、Web 应用安全防护、恶意代码查杀等安全防护服务。

③ 移动办公安全访问

移动办公安全访问为各类移动办公用户访问内网应用提供身份管理和认证、终端环境风险感知、应用动态访问控制、应用隐藏保护、数据传输加密、网络威胁检测等安全防护服务。

实现了互联网统一安全访问场景、内网及私有云应用安全访问场景、移动办公安全访问场景的全场景统一安全运营管理，满足信息化网络中的任何人、任何设备，在任何时间、任何地方，都可以获得信息访问的全面安全防护支持。

3.6.5　SSE

Gartner 所定义的 SSE（Security Service Edge，安全服务边缘）是指一组以云为中心的安全功能集合，保护对 Web 应用、云服务和私有应用程序的访问。功能包括访问控制、威胁抵御、数据安全保障、安全监控及通过基于网络和基于 API 的集成实施的可接受使用控制。

SSE（ 能力领航者——电信安全 c¹² 电信安全 ）

（1）SSE 的核心能力

① 零信任安全访问：基于零信任理念，以身份为中心，从身份、设备、网络、应用等维度进行动态访问控制，并基于云原生架构构建了云原生安全 POP 组件，并构建起覆盖全球的 Mesh 网络，安全服务边缘实现弹性可扩展，POP 组件供客户端和连

接器就近接入、就近防护，收敛互联网暴露面，实现对互联网攻击的免疫，降低网络安全风险。

② 安全 Web 网关：使用防病毒、漏洞修复、威胁检测和应急响应等多种防御技术保护企业，采用代理模式代理用户访问流量，并在流经安全 Web 网关服务节点时执行多项安全检查，提供一站式安全防护能力。

③ 扩展数据防泄露：结合零信任和传统 DLP（数据防泄露）技术，集合了终端 DLP 能力和网络 DLP 能力，并结合 UEBA（用户与实体行为分析）技术，实时进行用户异常行为分析，实现敏感数据识别、数据分级分类、行为安全审计、预警和取证等数据全生命周期安全防护能力，通过数据地图及一键取证的能力实现数据安全事件的溯源展示。

（2）SSE 的应用场景

① 远程办公安全

传统 VPN 软件漏洞频发并且对互联网暴露端口，在访问不同数据中心时需要切换 VPN，网络不稳定、不易扩容，员工体验差。SSE 构建以身份为中心的安全体系，提供细粒度的访问控制和持续安全检测等高等级安全认证服务，建立企业安全新边界，对企业被迫暴露在互联网中的内网应用进行隐身收敛，实现对互联网攻击的免疫，使员工在任意位置都具备一致的安全策略和访问体验。

② 办公数据安全防护

企业办公终端存有经营数据、合同、开发源代码等业务数据，对外交互频繁，敏感数据分布和流转不可见，存在外部设备、网络外发通道等多种泄露途径，数据泄露风险大、难防范且无法被发现。SSE 将建立用户和数据全生命周期的管控体系，具备敏感数据识别、数据分类分级，全通道管控，用户异常行为分析和处置能力，有效保护企业数据安全。通过结合云算力，对员工的打扰频次减少和终端性能消耗降至最低，保障员工良好的办公体验。

③ 办公安全一体化体系

终端离开公司内网，没有网络安全防护体系的覆盖，更容易被入侵，并且数据泄露风险增大。传统安全解决方案存在终端防病毒、终端 DLP 能力、终端准入、桌面管控等多方面的终端问题，用户体验差。SSE 通过"云＋端"的模式，融合防病毒、漏洞修复、威胁检测、威胁情报分析、上网行为管控等安全能力，实现安全威胁的一站式处置。

3.6.6　零信任

零信任架构是指基于零信任理念衍生出的网络安全体系。以策略引擎（负责判决主体对资源的访问权限）、策略管理器（负责发布控制主体与资源之间连接的控制指令）、策略执行点（在策略引擎和策略管理器的作用下，实施身份鉴别，启动、监控和关闭主体与资源之间的安全信道）作为关键组件，遵循"从不信任、始终验证"的原则，根据不同的场景设计不同的产品和解决方案。

零信任（能力领航者——奇安信 🔵奇安信 ）

（1）零信任的核心能力

① 自适应认证：根据访问上下文信息、风险情况调整对访问主体的认证方式，动态平衡安全要求和用户体验。关键技术包含多因子认证（MFA）、单点登录、行为生物识别等。

② 动态访问控制：根据上下文信息，动态授予访问主体权限。关键技术有基于属性的访问控制（ABAC）、持续的自动化设备资产管理及设备数据遥测、设备状态扫描及动态检测、设备服务动态更新、UEBA、准时生产（JIT）访问、特权访问管理（PAM）、身份识别和访问管理（IAM）等。

③ 网络基础设施安全：包括宏隔离、微隔离、软件定义边界（SDP）、软件定义网络（SDN）、软件定义广域网（SD-WAN）等。

④ 应用和工作负载安全：包括 API 和进程级微隔离、API 安全防护、软件供应链安全防护、应用代理、基于风险的自适应应用程序访问、API 访问控制。

⑤ 数据安全：包括传输加密、数据加密、数据分级分类、动态策略执行、数据权限管理（DRM）、数据防泄露（DLP）、动态数据脱敏、数据治理等。

⑥ 分析能力：包括数据采集技术、安全信息与事件管理（SIEM）、实体行为安全审计、身份分析、机器学习技术、数据可视化等。

⑦ 统一协同与管理能力：动态策略管理、策略引擎、自动化管理能力。

（2）零信任的应用场景

① 组织机构内用户访问组织机构资源

a. 员工从互联网/公司内网/分支机构网络访问组织机构资源场景的特点与主要问题如下。

VPN 风险，VPN 打通自互联网到内网资源的访问通道，只进行网络层的控制，存在横向移动风险。控制点不统一，根据主体所处的网络位置，有 VPN、防火墙等多种控制点，无法实施统一的安全策略。用户体验差，服务器设备远程运维存在 VPN、堡垒机、服务器连接等多个登录步骤。静态认证和授权，即一次认证和授权，授权后即可访问所有数据和应用，容易造成越权访问和数据泄露。

b. 员工从互联网/公司内网/分支机构网络访问互联网资源场景的特点与主要问题如下。

一台计算机可访问敏感网络和公共网络，两种网络的安全要求不同。终端暴露面扩大，失陷终端成为攻击跳板。公共互联网访问管控要求应基于员工角色和安全要求来考虑，需要控制员工访问的互联网资源类型。

② 组织机构外用户访问组织机构内资源

存在 VPN 账号泄露风险，用户通过开通 VPN 账号，即可访问相关资源，VPN 账号由第三方组织保管，无法控制 VPN 账号的借用、盗用风险。另外，还存在终端及网络环境风险，第三方人员的设备和网络环境信息缺失，无法在访问链条上构建显式信任关系。

③ 组织机构内部协作

调用关系繁杂，无法有效梳理访问关系。API 安全风险即基于 API 的调用面临数据泄露、内容被篡改、资产管理不当等风险。东西向流量缺乏管控，攻击者一旦攻破边界，会对数据中心资源安全造成极大威胁。

④ 跨组织机构协作

多组织共享 API 时缺少保护手段，此时 API 成为新暴露面，面临攻击、漏洞利用等多种风险。调用 API 时缺少精细化管控，管控策略和用户身份无关联，访问难以溯源。服务滥用，导致数据泄露风险加大。

⑤ 物联网场景

终端数量种类多、接入方式多样，无线接入方式多种，包括 2G/3G/4G/5G、Wi-Fi、蓝牙、ZigBee、LoRa 等。终端自身安全短板成为攻击跳板，面临终端仿冒、用户身份仿冒、恶意访问等安全威胁。

3.6.7　数字风险优先级

数字风险优先级（R-MATC）是指以数字风险（Risk）为驱动的安全能力建设与运营体系，对组织相关的数字风险进行持续监测（Monitor）、评估（Assess）数字风险对业务的影响并赋予数字风险优先级、根据优先级对安全策略进行调优（Tune）、实现业务与风险的平衡控制（Control），通过以上方式的循环迭代来实现安全能力建设与运营体系的可持续发展。

数字风险优先级（能力领航者——云科安信 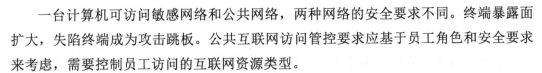 ）

（1）数字风险优先级的定义解读

当组织具备了对威胁的主动防御能力之后，会自发产生更高阶的需求，即以风险驱动为核心的完善调优需求。

数世咨询提出"数字风险优先级"的概念。前者是指对安全运营效能进行持续性的测试、验证与度量。后者是指对数字资产的重要程度、脆弱性的可利用程度及自身资源的支撑能力和业务紧迫性，进行综合性考量与平衡。

（2）数字风险优先级的核心能力

① 多维度数字风险暴露面持续监测：数字风险主要来源于 IT 侧的各种设备、应用侧的各种系统、组织侧相关的单位和人员，以及设备与设备之间的交互数据、系统与系统之间的交互接口、单位与单位之间的网络连接及不同人的不同权限辐射面和社会工程辐射面。多维度数字风险暴露面持续监测技术就是用一套测绘引擎同时对 IT 侧、应用侧、组织侧的要素及要素之间的关系进行识别、纳管与持续监测，以达到在任意新的暴露面出现时能够及时发现和纳管。难度在于对要素进行有效识别和标识，并对相关的关系进行拆解和梳理，从而有效测绘出相关的暴露口径。

② 深度数字风险攻击面持续评估：深度数字风险攻击面持续评估技术是在数字风险暴露面持续监测的基础上，对影子数字资产如网站、IP 地址、域名、SSL 证书和云服务进行分级以确定优先级；对错误配置、开放端口和未修复漏洞根据紧急程度、严重性的不同来进行风险等级分析以确定优先级；对凭证、敏感数据等数据的泄露问题进行风险优先级评估；对子公司、并购公司、供应链等第三方风险要素进行分析以确定优先级，引入时间轴，根据变更的时间进行动态回归评估。

③ 有效攻击路径实时验证：有效攻击路径实时验证技术是在风险要素及网络协议的基础上，利用主机漏洞评估引擎、PoC 漏洞评估及验证引擎、Web 应用漏洞评估引擎等多种漏洞评估及验证引擎，对发现的潜在攻击路径的可利用性进行验证，以保证发现的风险点都是可以被利用的高级别风险点，从而避免了安全风暴。

④ 基于机器学习的风险管理策略持续调优：引入使用人工智能和机器学习模型的技术，对 SQL 注入攻击、跨站脚本攻击等恶意流量、用户行为进行关系分析、识别异常，并对整体安全进行实证评估，从而可以动态调整风险管控策略，节省大量的人工介入时间和流程编排的时间。

（3）数字风险优先级的应用场景

① 金融行业

某金融客户是互联网银行，有多家营业网点，业务数据比较分散，在银行高速发展和服务转型的同时遇到了比较严峻的安全挑战，业务系统专注于功能上线与业务拓展，安全防护体系建设相对落后，目前最大的问题是对资产情况完全不了解，很多已经撤销的业务的对外服务连接可能依然存在，这给企业带来了巨大的安全隐患。

客户业务系统比较多，资产数量庞大，漏洞种类多和数量规模大，需要从业务系统、资产、数据全生命周期等不同视角进行管理，管理的复杂度高、负担较重、数据比较分散；对应用的整体风险态势缺乏掌握。

通过 SaaS 与本地化部署服务模式，快速对企业业务应用进行暴露面收敛，根据企业 IT 运维知识库对不同业务系统进行分级分类，完成业务系统的定档，将重要业务系统统一纳入管理平台持续检测，将过时数据和应用等及时清退，并且通过攻击面筛查企业内部违规操作行为，结合企业管理制度进行业务系统的进一步优化，完善企业管理制度并将部分权利上收，逐步消除了"放羊式"的粗放管理，在企业安全管理制度化、规范化的方面取得了很好的效果。

② 制造业集团

某制造业集团设立多个分公司和合营机构，每个分公司和参股企业都配有业务系统，总部与各分部之间通过业务系统进行对接，企业安全运维管理人员不仅要关注总部的整个 IT 系统的运维情况，还要关注分公司的业务系统运维情况，这无疑对运维人员收集、管理、分析资产造成极大困难，运维人员无法做到全面掌控整个 IT 系统的网络安全状况。

对客户来说，系统众多且相互关联交错，业务繁杂，运维人员无法对不同类型的漏洞及时进行管理和预警；各系统使用人员众多，人员权限层次复杂；运维人员无法对网络安全脆弱性进行全方位检查。

针对企业的业务特点和自身数据保密要求，在企业内部建立一个安全私有云，对所有风险进行持续监测、评估，并根据数字风险对业务的影响赋予数字风险优先级，根据数字风险优先级对安全策略进行调优，最终实现了业务与风险的平衡控制，为历次重大活动提供了有效助力，并有效预防网络入侵事件的发生。

3.7 安全运营

安全运营主要是指开展安全运营工作涉及的平台、工具、人员、流程、管理等方面。能力图谱划分为 4 个一级领域和 24 个子领域，如图 3-8 所示。

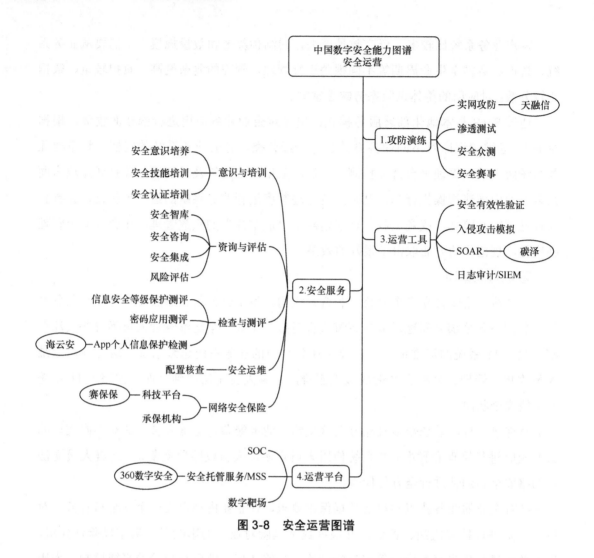

图 3-8　安全运营图谱

3.7.1　攻防演练

攻防演练主要指通过演练形式的攻防对抗，以评估威胁状况、检验安全措施、发现系统弱点，并提升防御能力的安全措施。

实网攻防（能力领航者——天融信 ）

（1）实网攻防的定义

实网攻防是指以不限制攻击路径和手段的方式，在可控的规则与环境下，针对真实网络环境开展的网络攻防演练活动，以检验其重要业务系统的真实安全防护水平及应急响应处置能力。

（2）实网攻防的核心能力

① 组织方视角：组织方作为牵头单位完成攻防规则的制定与方案设计，通过搭建

统一的平台，采集攻防相关数据，实时掌握攻防过程及结果，对攻防双方评分。

② 攻击方视角

a. 信息收集阶段：攻击方进行针对互联网资产暴露面的信息收集，信息包含了系统、数据、人员、供应链等方面的内容，利用工具并结合人工查找的方式重点收集代码托管平台、App、公众号及小程序等的信息，信息收集完成后使用专业的网络攻击武器库进行大范围的漏洞检测。

b. 安全边界突破阶段：以攻击方积累的框架漏洞、应用漏洞、中间件漏洞、系统漏洞等为基础，必要时攻击方利用 0day 漏洞进行攻击，结合多样化渗透手段，突破目标安全边界。

c. 持久化阶段：采用持久化工具、系统后门或免杀远程控制的方式保证内网入口持久化。

d. 内网穿透阶段：多据点搭建代理，攻击方以正反向代理、内网端口转发等方式进行内网穿透。

e. 横纵向移动阶段：攻击方在进入内网后，以高危漏洞、弱口令等为突破口，获取域控、邮箱、统一认证服务器等集权系统，获得重要权限与关键数据，最后清除攻击痕迹。

③ 防守方视角

a. 备战阶段：在构建纵深防御体系的基础上，建立备战组织。防守方通过全面发现风险、风险评估、安全加固等方式，以资产扫描、敏感信息检索、访谈调研的形式发现自身全量资产及资产暴露面，按"最大化收敛、最小化暴露"的原则进行处置，全面排查、治理系统漏洞、弱口令、不合理权限、开放端口，更新监控检测设备失陷行为库。针对发现的问题，进行全面系统安全加固，部署诱捕蜜罐陷阱手段，建立内外部协同机制保证安全事件的及时上报与处置。

b. 临战阶段：建立临战组织，以内部攻防演练与意识培训为主，有针对性地组织针对失陷情况的防守演练，检查安全问题。

c. 实网攻防、总结阶段：建立实战组织，明确各自分工，根据职责分为监控组、研判组、处置组、溯源组、联络协同组等，通过全面监测、研判处置、溯源的方式，各团队按照分工及时预警、通报安全事件并进行处置溯源，编写安全事件总结报告、布防策略优化报告、攻防技术报告、溯源报告等文档，通过联络协同组及时将情况上报组织方，并针对此次防守过程进行全盘总结。

（3）实网攻防的应用场景

以攻促防，提升关键信息基础设施安全防护能力。在国家监管或行业监管部门的组织下，一方面，因不限制攻击路径和手段，对攻击方而言，使用各类攻击手段将进一步挖掘现有安全防御体系的漏洞，发现隐蔽的渗透攻击路径，找出网络安全防护薄弱环节，这些成果会成为防守方日后整改的重要依据和基础；另一方面，防守方因要被动防守，需要提前进行全面的备战工作，包括检验安全防御系统、收敛暴露面、强化员工安全风险意识、丰富应急预案、积极开展演练等，实网攻防推动了防守方网络安全防护相关的管理与技术水平的提升，锻炼人员实战协同能力，全面提升了关键信息基础设施安全防护能力。

3.7.2 安全服务

安全服务是指以非直接销售产品的形式为客户提供风险评估、安全防御等提升安全能力的综合性服务。

1. App 个人信息保护检测（能力领航者——海云安　海云安）

（1）App 个人信息保护检测的定义

App 个人信息保护检测是指，根据国家相关法律法规、政策、标准，通过多维度数据收集与分析技术，全面评估移动应用合规性，保障企业和用户的个人信息合规性。

（2）App 个人信息保护检测的核心能力

① 面向隐私保护的移动应用功能自动遍历方法：通过深度研究 Android 系统行为函数结合设备名称、设备 IMEI（国际移动设备标志）、设备序列号、MEID（移动设备识别码）、Android_ID、MAC、GUID（全局唯一标识符）、地理位置等数据特征库，在移动应用功能遍历过程中实现对 App 敏感数据的精准识别和分析，形成支撑大规模检测需要的移动应用功能自动遍历方法，并可以输出标准隐私数据合规用例。

② 基于人工智能深度学习的场景化隐私政策合规辅助判定方法：基于人工智能的数据隐私与合规政策检测，采用面向自然语言的大模型对 App 隐私合规政策文本及App 收集使用的数据进行解读，并利用机器学习算法识别 App 的行为数据流和数据内容，结合违规行为模型进行交叉学习，自动更新违规行为模型。

通过人工智能调整模型参数，提高测试准确性，达到减少人员阅读时间、降低在操作人员数量的目的。

③ 基于虚实结合加固对抗和插件式多行为检测组合的个人信息保护检测：在虚拟机中进行高强度加固对抗，可识别 App 是否有加壳处理及壳的提供商，并通过插件进行个人信息保护多行为检测组合，对经过加壳处理的 Android 应用程序实行自动脱壳，之后进行安全检测。

支持获取和修改多种 App 运行时的信息，通过对 App 运行时的函数调用、授权、文件读取、网络通信等行为进行分析，对 App 的个人信息收集、保存、使用过程进行监控，对违法违规行为进行检测，有助于发现违法违规获取个人信息的行为，使收集个人信息 App 等移动应用符合多标合规融合方法。

（3）App 个人信息保护检测应用场景

① 通过 App 个人信息保护检测协助监管机构建立安全和可信赖的应用环境

监管机构面临着如何及时发现和打击违法收集、使用个人信息等行为的问题，通过 App 个人信息保护检测，监管机构可以定期抽查已上线的 App。

监管机构可以深入分析 App 的数据处理行为、权限使用情况及隐私政策的合规性。这有助于及早发现违规收集、使用隐私信息等违规问题，减少违法违规 App 的存在，并营造安全合规环境。这将有助于提升用户对移动应用的信任，促进移动应用市场的健康发展。

② 通过 App 个人信息保护检测解决企业违法违规问题

企业在移动应用开发过程中忽略隐私保护，可能会导致用户个人信息泄露，引发用户对移动应用的不信任。

App 个人信息保护检测可以用于检查 App 是否适当收集和存储用户个人信息，为企业开发人员生成针对隐私保护的测试用例。这些测试用例将涵盖数据收集、数据使用、数据共享、数据使用权限请求等各个方面，帮助企业在 App 开发和测试过程中及早发现隐私安全问题并提出修复建议，提升 App 的隐私合规性。

2. 网络安全保险科技平台（能力领航者——赛保保 SAIBAOBAO 赛保保 ）

（1）网络安全保险科技平台的定义

网络安全保险科技平台是指在保险机构开展网络安全及数字安全风险相关业务的过程中，为其提供风险信息、风险评价，以及帮助其开展业务承揽、风险管控及品质管理等工作的技术平台。

平台应秉持公平公正的原则，以客观独立的第三方视角为投保人及保险机构在保险承保及保险理赔的过程中提供符合行业标准及市场操作要求的技术支持，通常包括可保风险的量化评估、风险监测、风险减量、事件处置服务及损失厘定建议等。

（2）网络安全保险科技平台的核心能力

① 可保风险的认知能力：基于对保险需求的理解，通过技术手段采集相关风险数据，并按照特有的风险模型及算法，依照国家有关法律法规与标准对保障对象进行风险评价，以特定的风险模型及算法为保险机构提出风险量化分析意见及保险承保建议。

② 承保风险的监测能力：对承保风险进行持续监测及跟踪，承保风险的监测能力应具有普适性及先进性，以帮助保险机构从完整客观的视角了解承保风险，同时对于

所获取的信息及数据中的风险具有识别及分析能力。并且能基于网络安全保险科技平台所具有的基础数据及算法模型为保险机构提供需要预警的承保对象、损失可能波及的范围及损失可能达到的烈度等参考信息。

③ 风险减量服务的整合能力：网络安全相关保险在中国的定义是"保险＋服务"，保险机构在开展相关保险业务时，应通过风险减量服务来帮助承保对象提升安全能力，降低风险事件发生的概率及损失的烈度。网络安全保险科技平台需要为保险机构提供对市场上的各类科技安全服务的能力、效用及可靠性进行识别的能力，并对可用技术与保险服务加以整合，从而形成一体化的保险解决方案。

④ 安全事件的协同处置及损失管理能力：在承保系统发生安全事件后，网络安全保险科技平台应具有对安全事件进行协同处置及损失管理的能力。协同处置能力包括但不限于接受承保对象的应急咨询及报案、提供技术支持或资源来帮助承保对象尽快开展应急处置及系统恢复、帮助承保对象对安全事件开展调查、进行舆情处置及对外处置等。损失管理能力包括但不限于帮助承保机构对发生的损失进行溯源取证、开展事故原因调查、核定损失范围及修复方案的合理性、针对事故责任进行第三方追偿等，以帮助保险机构和承保对象在安全事件发生后能最大程度地减少损失和该事件所造成的消极影响，并就保险赔偿达成一致合理意见。

⑤ 保险业务和安全能力的融合：应同时具有对保险业务及安全能力的深度理解，并能从保险生态的需求出发，融合安全能力及服务，以在不同的场景下形成"保险＋服务"的一体化解决方案，以帮助保险机构更快、更好、更便捷地开展网络及数字风险相关的业务。

（3）网络安全保险科技平台的应用场景

① 助力保险机构承揽业务

网络安全保险科技平台通过风险量化分析、风险监测、科学改善保单结构等模块构建与完善科学的风险量化管理工具，全面支持与赋能保险机构规划与运营网络安全保险产品，解决由于缺乏网络安全领域专业知识，对网络安全风险进行评估时缺乏经验及工具的问题。

② 承保期间的风险监测及风险减量服务

网络安全保险科技平台通过风险监测、风险预警与处置、风险减量服务等模块构建与完善多维度风险管控与风险减量技术手段，以及专业风险处置服务，根据保单信息、融合风险评估、风险预警结果，合理配置风险跟踪、风险处置、风险监测、风险减量等所需要的安全服务，从而解决保险机构在规划与运营网络安全保险产品时面对的缺乏科学的风险管控技术手段的问题。

③ 损失发生后的应急响应及损失管理

网络安全保险科技平台应助力保险机构在运营网络安全保险产品时，以及在承保客户遭遇网络安全事件的过程中，一方面构建专业化应急响应体系，提供专业化应急响应支持与服务，另一方面还应积极参与损失厘定、损失预估、损失减量等业务过程，帮助保险机构、承保客户在网络安全专业领域中共同减少损失，降本增效。

3.7.3　运营工具

运营工具主要指安全运营过程中涉及的数字安全能力。

SOAR（ 能力领航者——碳泽信息🛡碳泽 ）

（1）SOAR 的定义

Gartner 所定义的 SOAR（Security Orchestration，Automation and Response，安全编排、自动化和响应）是指将事件响应、安全编排与自动化能力及威胁情报平台的管理能力组合到一起的解决方案。

SOAR 在国内的应用与国际的应用略有不同。国内通常对 SOAR 进行私有化部署，并且着重强调在周期性重大攻防演练和分诊处置、一键封禁等日常运营工作中的能力。

（2）SOAR 的核心技术

① 虚拟化：利用容器技术，将自动化流程的每一任务运行虚拟化，包括但不限于文件系统、操作系统、网络环境等，实现任务之间、任务与平台间的数据隔离，充分保证安全运营相关数据的安全性。

② 前后端分离与分布式、多引擎：以低耦合模块化思维设计，实现前后端分离，使得分布式、多引擎等符合大中型企业安全运营需求的功能特性得以实现；在提升平台可靠性与整体性能表现的同时，也使通过统一控制台管理多引擎范围内的设备成为可能。

③ 可视化编排：通过界面在尽可能不接触或少接触底层技术细节的前提下，用简单的步骤，将已有资产、设备等通过流程连接起来，完成编排过程、实现预期的业务目的。

④ 复杂流程编排逻辑：包括但不限于分支、循环、嵌套、轮询等结构，辅以一般动作、变量读写、告警传入 / 传出、正则表达式提取、输出等常见流程编排逻辑，为用户使用上述这些流程编排逻辑组合、连接已有资产、设备提供技术基础。

⑤ 异构元素连接：覆盖第三方安全产品、服务、平台与系统，网络设备及一般资产的连接能力。上述能力以插件形式封装，并在可视化编辑器中提供。

⑥ 数据接入处置闭环：包括数据的接入、预处理、标准化、策略化分诊及数据存

储，同时支持对库内数据进行查询与分析。

（3）SOAR 的应用场景

① 存在"元素孤岛"，数据与业务难以有效联动

组织内部的安全设备、平台、网络产品等往往来自多个厂商，数据输出能力参差不齐，数据格式也往往无法互通，客观上数据与业务难以有效联动，形成多个"元素孤岛"。响应安全事件时，需人工介入，而且安全事件的人工处置时间相对自动化处置时间更长。作为纽带型产品，SOAR 通过插件连接数百种第三方安全产品、服务、平台与系统，还连接了网络设备及一般资产，使得数据与业务能基于 SOAR 的能力，辅以自动化流程产生有效联动。

② "告警风暴"情况常见，无法有效分诊

海量的安全告警、日志及事件数据，使得安全运营团队常受困于大量重复告警处理与普通安全事件审查、分诊工作。长此以往，安全运营团队陷入疲惫，降低了组织信息系统的防御能力。而 SOAR 能够对收集的告警、情报等数据进行智能化分诊、调查与响应，帮助安全运营人员识别真正需要处理的告警，排定告警处置优先级，并根据告警处置规则实施自动化响应。

③ 跨平台多人协作处置能力缺乏

安全运营团队往往依赖微信、QQ 等即时通信工具进行沟通交流，易产生不易被汇总的信息碎片，同时还可能导致团队中的人员产生信息差。SOAR 能够基于预配置的规则，在处置告警、情报等数据时归并安全事件，形成具备主题的协作战情室，同时也提供平台层面的全局性战情室。安全运营人员只需在同一平台内即可按需选择如何沟通交流，并共享安全事件处置过程的数据视图，有利于提升安全运营工作的整体效率。

3.7.4 运营平台

运营平台主要指在安全运营过程中提供统一安全管理、安全数据集中分析等服务的数字安全能力。

托管安全服务 /MSS（ 能力领航者——360 数字安全 ）

（1）托管安全服务 /MSS 的定义

托管安全服务 /MSS 是指，通过一个具备收集与分析全网安全数据能力的平台，以自动化的方式进行远程接入或者 SaaS 化服务，辅以本地化手段、技术支持手段，将安全运营能力和专家经验输出。帮助用户推进安全运营中涉及的工具、平台、流程、人员、管理（数世咨询定义的安全运营 5 要素）的效率、进度、水平的提升，最终使用户的业务运行达到安全、稳定、持续的状态。

（2）托管安全服务 /MSS 的核心能力

① 安全专家团队：具备充足的多层级安全专家团队和成熟的人才培养机制，安全专家具备丰富的对抗实战经验，能快速发现和处置安全事件。

② 安全运营协作平台：具备统一的安全运营协作平台，能够整合安全运营过程中的各个环节，连接安全专家、组织及生态服务伙伴，安全运营过程对组织开放透明、可追溯。

③ 安全大数据能力：拥有具备全球视野的安全大数据能力，不仅具备海量历史威胁情报，还能够在短时间内获取最新漏洞情报、攻击技术、攻击者画像等，可快速检测出最新威胁和对攻击事件进行历史回溯。

④ 威胁监测：具备多种威胁监测技术，能够与云端安全大数据联通，对内外部威胁具有高度可见性，能在早期发现 APT 攻击的指标和证据，并跟踪后续活动。

⑤ 自动化：具备可灵活配置的自动化响应模块，能够兼容大量第三方安全产品，以进行联动响应和处置，缩短平均响应时间。

⑥ 人工智能：具备安全 GPT 类人工智能模型，能为组织承担告警关联分析、处置策略、自动研判、安全知识扩展等辅助工作，降低运营难度并且提高运营效率。

（3）托管安全服务 /MSS 的应用场景

① 互联网风险监测

企业开放到互联网的业务、泄露到网络空间中的数字化资产，都可能成为网络攻击的突破口和黑灰产的仿冒对象。例如未进行防护的测试业务长期暴露在互联网中，开发人员将系统代码上传到 GitHub 上等。托管安全服务 /MSS 可为企业提供持续的资产暴露面及脆弱性监测、仿冒资产监测、网络空间和暗网泄露数据监测，帮助企业消除互联网资产风险。

② 办公网终端防勒索、防泄密

企业办公网络环境下的终端管理极为复杂。例如一台终端因钓鱼邮件感染病毒、遭受勒索软件攻击或者感染蠕虫病毒，波及整个办公网络环境，导致终端集体被勒索或出现数据泄露。通过托管安全服务 /MSS，可以为企业提供持续资产和漏洞管理、统一实时监测与响应和木马病毒处置、及时发现钓鱼邮件、勒索软件攻击等服务，通过自动化应急响应终止恶意进程或者隔离被感染的终端，还可以提供相应的网络安全保险服务。

③ 数据中心业务系统防攻击、防挖矿病毒

企业业务系统持续暴露在互联网中，攻击者随时可对企业业务系统发起网络攻击、获取商业机密数据或利用系统挖矿牟利，但企业 IT 管理员往往没有足够的精力进行统一实时监测。托管安全服务 /MSS 可以通过暴露面监测收缩攻击面，然后利用威胁监测技术和安全大数据能力，对数据中心的安全事件进行统一实时监测，及时发现网络攻击入侵手段并进行阻断，同时定期对数据中心的安全产品进行实战对抗能力评估，明确薄弱环节，优化安全策略。

3.8 数据安全

数据安全主要是指数据安全基础设施的安全，包括数据汇聚、处理、流通、应用、运营的安全。能力图谱划分为6个一级领域和18个子领域。数据安全能力图谱如图3-9所示。

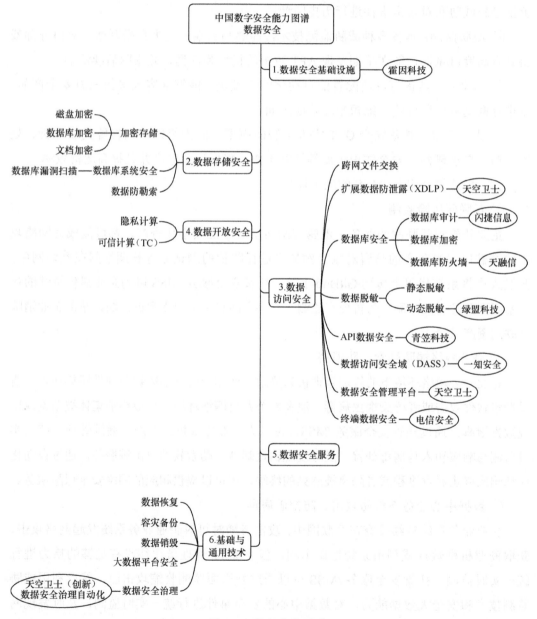

图 3-9　数据安全图谱

3.8.1 数据安全基础设施

数据安全基础设施是指通过对数据的全量识别、采集，并进行数据分级分类、标签化，以及提供上层 API 等基础性工作，赋能数据业务安全合规和精准使用，为数据治理体系建立基础支撑。

数据安全基础设施（能力领航者——霍因科技 霍因科技 ）

（1）数据安全基础设施的核心能力

① "驾驶舱 + 数据看板 +BI（商务智能）"

根据数据分级分类构建的数据资产标签体系，数据资产更易于定位和检索，通过多维度数据分析、实时数据监控、可视化数据展示，提升决策效率和智能化水平等功能。

② "字段级" 数据安全管控

运用敏感数据感知技术，进行语义推理和语义分析，根据字符上下文语句信息并结合语义知识库，自动识别个人信息数据和重要数据，针对敏感数据进行加密解密和脱敏处理，管控颗粒度可到 "字段级"。

③ "数据门户 + 区块链"

数据门户将需要外发的数据打包成区块，盖上时间戳，这些区块形成一条链，这条链是可溯源、不易篡改的，通过数据共享在区块链上传递数据，由于链上数据受保护，需要权限才可以访问，有利于数据在数据要素市场中的流通交易。

④ LLM（大语言模型）数据集。数据是预训练阶段的核心。预训练是构建大语言模型的第一步，决定了大语言模型的能力上限，用于识别数据集中的敏感信息、脱敏个人信息、"漂白" 舆情数据、筛选涉黄涉恐涉暴数据等，引导模型发挥正向应用能力。

（2）数据安全基础设施的应用场景

① 优化业务侧决策

主要解决智能制造、智慧政务等行业的数据收集与整合问题，对数据进行分级分类后，再对数据资产标签进行处理，在数据采集、数据建模、数据处理的基础上构建上层应用，实现数据驱动业务决策。

② 建设安全体系

主要解决零信任 "最后一公里" 建设问题，面向海量、多源、流转关系复杂的数据处理场景，将数据分级分类结果转化为业务知识，为数据资产提供安全防护建议，并结合具体的数据安全防护组件，统一下发安全策略，满足构建策略协同能力和安全体系的要求。

③ 数据要素交易

主要解决在数据要素市场中存在的黑暗数据及"信息孤岛"，以及数据标准缺失和保障数据信息安全难等问题，通过数据门户和区块链技术，数据要素交易可追溯，保障数据要素交易双方的权益，推动数据资源高效流通。

④ 建设行业大模型

主要用于建设垂直场景的大模型，垂直场景下的大模型建设要求较高，客户需要利用自有数据或领域内的非公开数据进行持续的模型训练，以及建设和积累自己的精调数据集。帮助客户提升数据质量、优化模型，使客户能够利用尺寸更小的模型，在特定任务上该模型达到媲美通用大模型的水平，降低推理成本。

3.8.2 数据访问安全

数据访问安全是指数据在流动性有限的情况下所需的数字安全能力。

1. 扩展数据防泄露（能力领航者——天空卫士）

（1）扩展数据防泄露的定义

扩展数据防泄露是指基于内容识别与感知技术，融合业务数据分类分级能力，通过统一管理平台，应对网络、邮件、终端、云、企业应用、移动应用数据安全等多种数据安全场景的数据安全解决方案。

（2）扩展数据防泄露的核心能力

① 识别能力

a. 图像识别：通过光学字符识别（OCR）技术，提取包含在图片中的文字并用于后续使用。

b. 标签识别：通过格式化文件的分类分级标签，对 XDLP 传输通道中的数据进行识别并根据标签含义采取相应的保护手段。

c. 机器学习识别：XDLP 对相似的同类文件采用机器学习算法进行学习，按照算法生成各个文件类别的特征，用于对后续在不同通道中发现的被检测文件进行判别。

d. 指纹识别：指纹识别主要包含非结构化指纹（文件指纹）识别和结构化指纹（数据库指纹和 CSV 文件指纹）识别两种指纹识别方式。

e. 模式匹配识别：对企业所关注人员的敏感数据外发和敏感数据异常下载行为进行检测。

f. 聚类技术：采用非监督学习中的聚类算法，根据文件内容的相似度对大量混杂的文件进行自动聚类，并通过机器学习生成文件类别特征信息，可直接转换为引用策略。

② 检测能力

a. 变形文件的检测：防止最终用户采用修改文档后缀的方式逃避检测。

b. 加密文件的检测：防止由无法识别加密内容导致的数据泄密。

c. 零星式数据泄露的检测：在实际业务场景中对敏感数据（如身份证信息和手机号等）少量多次泄露的情况进行识别。

d. 检测对象的锁定与过滤：XDLP 的检测可以涵盖检测对象和检测通道。检测对象一般指数据来源 / 目的地、邮件地址、组织架构等。检测通道则泛指网络通道和终端通道这两种通道。

（3）扩展数据防泄露的应用场景

① 终端数据防泄露

在用户终端环境中，可以监控和阻断敏感数据外发离开端点，并以弹窗的方式警告用户的违规情况，防止企业的核心数据资产以违反安全策略规定的形式流出企业。

② 网络数据防泄露

通过深度内容识别技术对在网络中传输（包括 SSL 传输）的数据进行监控，如对于通过论坛、网页、邮件等方式上传、外发的敏感数据，及时阻断敏感数据传输并根据安全策略产生相关动作。

③ 应用数据防泄露

用户通过企业应用对数据进行业务操作如上传数据、下载数据、共享数据时，对数据内容进行识别，以及在通过企业应用对敏感数据进行传输或跨应用协同处理时根据安全策略进行审计、病毒查杀、阻止、脱敏、标记或 MD5 计算，包括触发对应业务审批流程等。

④ 移动数据防泄露

采用本地工作域与私人域隔离技术，保证移动终端的企业应用运行环境与个人应用运行环境间的有效隔离，通过加水印、防截屏、键盘截获、最小化访问鉴权、数据落地管控等技术措施，落地企业移动应用数据防泄露功能。

2. 数据库审计（能力领航者——闪捷信息 📚）

（1）数据库审计的定义

数据库审计是指通信协议解析和 SQL 语句分析，针对数据库风险、运行、性能等的情况，面向数据库运维人员和安全管理人员，提供安全防护、审计和实时监控能力的数据库安全产品。

（2）数据库审计的核心能力

① 强大的协议语法解析引擎及丰富的协议语法库：高性能协议语法解析引擎结合

"5W（Who，Where，When，How，What）"的审计设计理念，能审计详细的SQL日志信息。协议语法解析可以根据协议语法库，从二进制数据流中还原出客户端和服务器之间传递的登录请求语句和应答内容等。语法解析是根据词法、语法分析器抽象的语法树建立语法库，根据语法库将SQL语句的语法与业务逻辑分离，并从SQL语句中解析出请求的操作命令、操作对象等信息，对语法解析结果进行模板化处理并进行缓存匹配，能够大幅提升语法解析效率。

② 全面的风险策略：支持全面的网络入侵检测规则和漏洞攻击特征规则库，同时支持覆盖审计日志全部关键信息和访问频率的自定义规则。

③ 加密审计：通过证书解密技术或集成TLS网关，实现加密数据库访问流量解析和访问审计。证书解密技术是通过数据库服务端证书先对访问流量进行解密处理，再对经过解密处理的内容进行协议和语法解析。TLS网关是通过参与数据库访问流量加密协商过程，获取加密访问流量的解密密钥，在将后续加密访问流量处理成明文后进行解析、审计。

④ 关联审计：提取访问应用的账号、URL等关键信息并将它们关联到数据库访问语句中，使数据库审计系统能够通过解析对应用访问和数据库访问进行精准关联。

⑤ 智能学习：根据账号、SQL语句特征和访问特征等建立多维度用户行为模型，模型通过不断自我学习进行调整和修正，能发现不易被人察觉的异常访问操作并及时告警。

（3）数据库审计的应用场景

① 企业组织合规建设

国家机关、企业、事业单位在进行信息化建设时要求满足网络安全等级保护要求，数据库审计产品为信息安全等级保护三级必备产品，可以提供满足《中华人民共和国网络安全法》《信息安全技术　网络安全等级保护基本要求》等法律法规和国家标准要求的安全审计报表，协助用户快速通过相关测评。

② 数据资产攻击风险发现

企业或事业单位中最大的安全风险往往来自内部员工或离职人员，他们可以使用合法账号访问、操作数据库。数据库审计系统记录了所有数据库访问者对数据库的操作行为，通过内置的风险识别规则或模板，既能够识别外部的SQL注入攻击、暴力破解等高危攻击行为，也可以针对内部运维人员的未授权访问及恶意操作提供实时的风险告警，为用户提供持续的数据库安全风险监测服务。

③ 数据安全违规事件审计溯源

企业或事业单位一旦发生数据安全违规事件，在造成一定后果并需要追溯风险来源时，数据库审计可以基于语句、客户端、IP地址、数据库用户、关联用户、行为发生时间、操作对象等多维度的操作记录和事后分析能力，以及全量的数据库行为记录、全局检索能力，根据数据库访问来源实现数据库访问行为的关联查询和关联分析，使数据库的访问行为被有效定位到具体涉事人员，从而为安全事件溯源定责。

3. 数据库防火墙（能力领航者——天融信）

（1）数据库防火墙的定义

数据库防火墙是指一种面向数据库进行安全防护的产品，通过对数据库通信协议进行解析、对数据库操作行为进行识别，并且根据安全防护策略的匹配结果，对相关操作行为进行拦截、告警、审计等。

（2）数据库防火墙的核心能力

① 外部威胁识别与防护：通过威胁情报库（如数据库漏洞防御库、SQL 注入攻击防御库、僵尸木马库、网络入侵防御规则库、恶意 IP 地址库等）匹配数据库流量特征，准确及时地识别外部攻击的行为，并根据安全策略响应规则，对外部攻击采取行为阻断、告警、审计等措施。

② 内部违规行为识别与防护：实现对异常行为的识别和处置，对于合法用户访问数据库的行为进行实时监测，通过流量自学习模式，提取行为特征进行抽象整理，形成行为基线数据。实现高风险违规操作防护，针对常见的国际和国内关系型数据库、非关系型数据库（包括大数据）类型，根据内置删库、提权、删表、批量导出、批量修改等高风险操作规则，精确识别风险操作行为，并采取行为阻断、告警和审计措施，避免数据泄露和被篡改。

③ 行为审计和风险分析：从风险、语句、用户、对象等角度提供细粒度的审计能力，并可基于此进行关联查询、会话回放、多维度统计分析、行为轨迹分析等，深入挖掘风险来源和风险行为，实现数据库的风险行为分析和追溯。

（3）数据库防火墙的应用场景

① 数据库面临的外部威胁

攻击者通常会利用弱口令、数据库软件漏洞（如开放式 Web 应用程序安全项目组织发布的 Web 应用安全风险"Top10"榜单）进行危险操作。如果组织未遵循安全开发过程管理要求、没有执行定期渗透测试或者未及时使用补丁，组织将会面临各类数据安全风险。

② 数据库面临的内部威胁

对比外部攻击，内部违规操作是数据泄露的主要原因，例如，非授权用户对数据库的恶意存取和破坏，授权用户的误操作、滥用权限，超级权限用户的违规操作、账号密码泄露等。对于数据库内部的违规操作、越权操作、高危操作等数据库威胁行为，需要进行数据库操作访问控制和精细审计，从而规范数据库内部操作行为，追踪定责。

③ 需要满足安全合规要求

数据库防火墙能够满足和落实《中华人民共和国网络安全法》《中华人民共和国数据安全法》《中华人民共和国个人信息保护法》《信息安全技术　网络安全等级保护基本要求》《关键信息基础设施安全保护条例》等法律法规和国家标准在数据库访问控制、数据库安全审计等方面的规定。

4. 动态脱敏（能力领航者——绿盟科技 NSFOCUS ）

（1）动态脱敏的定义

动态脱敏是指通过在处理请求的过程中更改数据流，请求者无法访问真实敏感数据，是一种访问控制级别的防控手段。动态脱敏可以在不改变原始数据的情况下，实时进行差异化防控（或脱敏、阻断、透传）。

（2）动态脱敏的核心能力

① 兼具多种脱敏方式：动态脱敏目前有两种实现方式，一种是通过改写 SQL 语句，另一种是通过改写结果集。前者性能高，对于复杂语句的兼容性有限，后者使用场景更多，但性能低。用户的应用场景复杂多样，兼具两种脱敏方式，覆盖场景会更多。

② 协议解析：脱敏方式涉及协议解析能力，协议解析的全面性、准确性决定了脱敏结果。另外，还需要支持非公开协议（如 AS/400 系统上的协议）的解析。

③ 前端用户的关联识别：对于数据库脱敏，如果没有设置 3 层关联，只能识别到数据库用户。只有设置了 3 层关联才能识别到前端用户，进而进行差异化脱敏。如果直接对应用进行脱敏，则需要支持按用户、菜单、URL 等进行差异化脱敏。

④ 脱敏算法：动态脱敏大部分需要与业务系统对接，故在不同的场景中需要不同的脱敏算法，除了常见的遮蔽、随机化，也需要脱敏产品具有置空、仿真、关联仿真、分组仿真、字段运算等脱敏算法。

（3）动态脱敏的应用场景

① 应用场景：限制数据库管理员权限

数据库管理员一般权限较大，其不仅能管理数据库，也能查看数据库中存储的敏感数据，故可以限制其数据查看权限，对未授权的运维身份访问敏感数据实现动态脱敏，禁止危险操作（如 drop、truncate 等），对于确需执行一些敏感操作的人员，可以临时对其授权等。

② 应用场景：限制前端用户权限

随着相关法律法规的发布实施，企业对其商业秘密的安全、用户对其个人信息的安全更加重视，那么基于最小权限原则，前端用户的权限细化也迫在眉睫，如企业的外包人员可以拥有对信息的录入权限，但只有企业正式员工才拥有对录入信息的查询、查看权限，再如某单位内的正式员工可以直接访问原始数据，但外包人员访问原始数据时需要进行脱敏，高危的统计分析、删表、删用户等行为是被禁止的，但如果确实需要清理僵尸用户及图表等，需发起操作申请，审批通过后相关人员可以在特定时间内执行操作。

5. API 数据安全（能力领航者——青笠科技 ⚲ 青笠科技 CHINELIN TECH）

（1）API 数据安全的定义

API 数据安全是指基于 API 技术实现对数据流动的安全监测、管控、脱敏和溯源等数据安全措施的解决方案。

（2）API 数据安全的核心能力

① API 的精准识别和分类分级：针对企业已有的 API 进行自动化精准识别，并针对已识别到的 API 进行分类分级，从而实现对 API 进行精准的监测、管控、脱敏和溯源。

② API 全生命周期管理：针对企业已有 API 的发布和下线进行有效管理，实现对 API 全生命周期的管理。

③ API 数据脱敏：梳理行业数据脱敏规范，形成数据脱敏检测算法，对业务数据访问过程中交互的数据进行检测，根据制定的规则对敏感数据进行脱敏。

④ API 数据指纹：一种将数据映射为固定长度摘要的技术，用于识别数据的唯一性和完整性。当数据被复制时，数字指纹也会被复制，用于追溯数据流向和保护数据版权。

⑤ DBaaS（数据库即服务）：将企业数据库封装成 API，以对外提供数据服务，可以缩小数据库暴露面，降低数据泄露风险。通过 API 访问数据，可以更好地控制数据的访问权限。

⑥ 流动数据文件保护：为跨域流动的数据文件添加水印信息、对敏感数据进行脱敏处理及对文件进行加密处理，由平台下发一个唯一的密码，提升数据文件流动过程中的安全性。

（3）API 数据安全的应用场景

① API 全生命周期的数据安全防护场景

随着企业业务快速发展，访问来源日益多样化，风险点增多、暴露面不断扩大。然而，数据交换和业务紧密关联，传统的一刀切式数据交换安全防护策略已经无法满足企业的需求。企业需要采取更加灵活、针对性更强的数据交换安全防护策略，以应对不断变化的安全挑战。因此，企业需要对已有 API 的全生命周期进行数据安全防护，从而实现对 API 的管理、鉴权、管控，以及实现 API 数据熔断保护、API 数据脱敏和

API 数据溯源等。

② API 数据共享安全防护场景

企业在业务需求的驱动下，向第三方或上、下级单位开放了部分数据库表的访问权限。然而，由于缺乏有效的数据库鉴权机制，企业面临着数据库访问权限失控、应用准入鉴权不足、访问权限控制不严格及敏感数据保护不到位等安全风险。因此，企业需要采取有效的措施，将数据共享 API 化，让所有数据共享通过 API 进行，从而利用安全监测、管控、脱敏和溯源技术实现对数据流动的管控。

③ 数据提取安全场景

企业内部的分析部门、测试部门、营销部门或外部合作伙伴、公检法等第三方机构在开展业务的过程中会不定期向企业数据管理部门申请业务数据而获得权限。然而，由于缺乏健全的审批流程和有效的数据文件保护措施，企业面临着数据泄露风险，甚至是数据泄露后难以追溯的问题。因此，企业需要采取有效的保护措施，将数据提取 API 化，即通过 API 去提取数据，从而利用对 API 数据的安全监测、管控、脱敏和溯源技术保证数据提取的安全。

6. 数据访问安全域（能力领航者——一知安全 ）

（1）数据访问安全域的定义

数据访问安全域（Data Access Security Space，DASS）是指通过在终端上构建独立、安全的运行环境和端到端的业务访问通道，对各种数据处理场景进行保护的解决方案。

（2）数据访问安全域的核心能力

① 数据安全隔离：在安全域和主机之间、安全域和安全域之间，对文件系统、网络、进程等关键组件进行隔离，并使其运行在一个受限的环境中，实现数据隔离和保护。

② 内核半虚拟化：包括磁盘虚拟化、DCOM（分布式组件对象模型）服务、RPC（远程过程调用）通信、Object（对象）虚拟化等虚拟化技术。内核半虚拟化使数据访问安全域具有独立、隔离的系统接口视图，在实现数据完整隔离的同时，上层应用对操作系统接口不进行任何修改，能避免与其他安全域或物理主机产生冲突和对它们造成影响。

③ 数据加密：可以对敏感数据进行加密处理，确保数据在传输和存储过程中的安全性。常见的加密算法包括 AES 算法、RSA 算法、SM 系列算法等。

④ 高级访问控制：用于管理和控制用户对数据的访问权限，针对不同的数据使用场景和数据，提供多种相匹配的安全控制策略。

⑤ 安全监控及安全加固策略：监控和检测数据访问安全域中的异常行为和攻击行为，可实时监控或阻断恶意进程、恶意文件、网络攻击等恶意行为。对系统核心组件应用多

种安全加固策略和选型策略，进一步隔离容器的行为和访问权限，以提升容器的安全性。

（3）数据访问安全域的应用场景

① 远程办公：远程办公可能产生数据外泄、业务系统暴露、个人设备难管控等问题，数据访问安全域提供高效、便捷、安全的办公环境，重构终端环境，替换 VPN 系统。

② 内网安全办公：通过终端侧与网络侧双重管控可以有效解决在内网办公过程中经常出现的访问权限划分不清晰、数据易泄露、管理策略难以落实等问题。

③ 第三方运维、开发：大多数客户都有过由第三方成员接入自身网络完成办公、运维等工作的现象。权限不可控、成员不可控、终端不可控、数据使用方式不可控都可能会对公司安全防护工作产生影响，可采用数据访问安全域对第三方成员进行管控。

④ 跨组织数据流通：在企业安全组织规划中，数据一旦流转到其他公司或个人的计算机上，就不在数据发送方的管控范围之内了。数据访问安全域可以做到将外发数据收敛到网络安全边界范围之内，对外发数据进行管控，让数据发送方始终拥有数据资产所有权。

⑤ 一机两用：通过数据访问安全域，在终端计算机上，可以一边进行内网数据的交互、流通与使用，一边在互联网上进行资料的查阅、下载与外发。同时两边环境彼此完全隔离，不会导致数据泄露或者病毒感染风险。

⑥ 多分支门店接入：门店计算机如何安全接入内网、数据如何进行安全流转、如何安全进行业务访问等问题，都是多分支门店场景下 IT 部门需要考虑的。数据访问安全域可以采用一种全新的业务访问与组网方式，规避此过程中的数据与网络安全风险。

⑦ 统一安全办公：针对复杂场景下的多种问题，可以从数据的产生、使用、传输、销毁即数据全生命周期入手进行管控，从数据源头及数据传输通道入手解决问题。

7. 数据安全管理平台（能力领航者——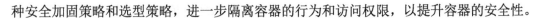）

（1）数据安全管理平台的定义

数据安全管理平台以数据资产保护为核心，基于关联上下文信息进行深度内容识别，并结合行为分析的内部威胁防护模型，通过 Web 管理平台设置安全策略、管理事件、生成运行报告及执行任务，统一管理数据安全组件，实现对数据的发现与分类分级，输出针对不同数据流转通道的安全管控策略。

（2）数据安全管理平台的核心能力

① 数据发现和数据分类分级：根据预置标准模板或可定义的匹配规则结合相关敏感度级别对数据进行分类分级，通过可定制的扫描任务覆盖企业存储场景，如员工终端存储、SASE（特定应用服务要素）应用、数据库存储、共享网络存储、云架构的对象存储等。在数据分类分级的策略下，执行数据扫描并对数据资产分布进行可视化展现。

② 数据聚类能力：基于机器学习，对所覆盖的未经过梳理的共享存储路径的大量非结构化文档，执行可持续聚类，通过语义拆分解析出每一类文档的关键字及其语义权重，并可一键执行对选中的类别文档进行机器学习，并得到匹配规则，最终将其用于数据流转的安全管控策略。

③ 数据脱敏：根据安全管控策略的定义，将数据的涉敏部分转换为不可读或去标识的格式，从而允许以合规的方式继续处理数据。

④ 内部威胁防护：通过捕获来自终端、邮件、互联网出口、移动应用与企业应用安全通道的数据风险，深度融合关联行为异常因子的分析，计算并展示内部员工或终端 ID 所呈现的数据风险评分和对应的内部威胁模型偏移指标，在数据泄露发生之前通过动态策略关联风险，主动响应。

⑤ 统一、分级、集群化管理：覆盖网络、邮件、终端等，避免孤岛化的管理模式。同时支持不同的区域管理员仅管理负责区域内部的用户的策略，其设置的管理策略仅对管理范围内的用户生效。通过集群化管理，在保证平台高可用性的同时提高了整体的平台管理能力。

⑥ 高性能数据存储及分析：采用 Elasticsearch（弹性搜索）技术，对入库的日志和安全事件实现百万级数据记录、秒级查询及统计数据条件筛选。

⑦ 灵活的定制化报表：根据企业的 IT 部署与数据安全保护策略，从数据分类分级到数据资产可视化与多通道数据泄露事件进行筛选，可多维度定制企业所需要的报告和数据模板。

（3）数据安全管理平台的应用场景

在集团总部、全资子公司、合资子公司的多级别产品部署的环境下，敏感数据在任何位置上都是敏感数据，所有敏感数据都可以基于同样的策略进行管理。

可实现按需扩展管理能力与集中数据安全保护策略的编排与分发，最大程度提升管理效率并保护投资。无论针对何种模块（如 Web、数据、终端或电子邮件）和平台（如本地平台或云平台），其都能够设置策略、管理事件、生成运行报告及执行管理任务，保持了对所有通道的数据风险识别能力的联动管控和高度一致性。

数据安全管理平台同时支持集中管理与分布式部署相结合，提供覆盖网络、终端、邮件的统一管理策略，为风控、内审部门提供实现数据安全价值的数据展现。

8. 终端数据安全（能力领航者——电信安全）

（1）终端数据安全的定义

终端数据安全是指通过终端 Agent 对设备进行驱动级管控，提供帮助企业解决数据资产合规管理不足、敏感数据对外泄露、外部攻击等问题的方案。

（2）终端数据安全的核心能力

① 驱动级探针注入：在用户终端上安装客户端，实现对操作系统的驱动注入，利用终端指纹实现对管控终端上的数据资产、敏感信息、用户操作等的数据捕获和行为监控。

② 智能内容识别

a. 内容识别。从文件的格式、编码、指纹等多维度进行文件解析，并支持识别脚注、批注、控件等特殊文档位置，实现文件真实属性和敏感数据的精准识别与覆盖。

b. 机器学习。通过终端探针持续检测企业内的数据分布，结合机器学习算法进行智能分析，实现自动化的数据资产发现和敏感数据识别。

c. 聚类分析。采用样本训练机制，对已知样本文件进行聚类计算、特征提取，从而形成识别模型并判定数据的归属。

③ 信息流转监测与响应：通过终端探针对用户行为、风险事件进行日志数据采集分析，结合链路追溯功能，实现跨设备的全路径信息流转结果分析，及时发现泄密行为并快速定位风险因素；对终端上的数据外发渠道进行全方位监控，通过自定义管控策略对敏感数据外发行为进行提示、阻断等。

（3）终端数据安全的应用场景

① 数据分类分级

帮助企业进行全面的资产盘点，并掌握自身资产的全局情况、精准定位数据价值等级，从而有针对性地进行数据安全防护，避免核心敏感数据流出。系统内置了行业分类分级标准及贴合法律法规要求的策略模板，可对企业终端上的敏感数据进行发现与分类分级，实现数据资产分类分级的合规监管。

② 外发渠道监控

采用外接设备、网上办公等辅助办公方式，增加了数据存储、传输的途径，导致数据泄露事件频繁发生。通过对 U 盘存储数据、邮件传输数据、云盘存储数据、IM 应用传输数据、打印等无限制外发转移数据的行为的全方位监控和阻断，有效保护企业重要数据不外泄。

③ 远程办公数据防护

在员工终端脱离企业环境的远程办公场景下，企业数据资产存在极大的泄露风险。通过对脱离公司网络的终端的实时监控，对用户、终端实体行为进行策略响应和日志审计，保障在移动办公、远程办公等场景下的企业数据资产安全。

3.8.3　基础与通用技术

基础与通用技术是指数据安全保障中的必备或普适数字安全能力。

数据安全治理自动化（能力领航者——天空卫士 SkyGuard）

（1）数据安全治理自动化的定义

数据安全治理自动化（Data Security Automated Governance，DSAG）是指通过自动化的工作流，整合不同的数据安全技术，为数据安全治理提供完整、可落地的一体化解决方案。

数据安全治理自动化的特点是结合法律法规与行业标准，通过流程化的向导设计，针对客户的数据集进行明确定义与覆盖范围梳理，增加了数据分级分类保护服务，并且允许设定数据安全治理流程的关键技术和管理角色参与至对应的数据安全治理环节中，使组织可以简单、清晰地执行数据安全治理并保持持续的闭环优化。

（2）数据安全治理自动化的核心能力

① 数据资产管理

a. 通过扫描、发现和认领功能明确企业数据资产的归属。

b. 使用机器学习中的聚类技术，根据语义分析自动对大量未经过分类梳理的混合文件进行聚类，输出各类关键语义和权重，并且通过人工确认执行语义优化后的分类输出。

c. 根据企业的数字化战略规划，并根据业务相关内容的重要性，使用多种技术手段（包括行业数据模板、文件指纹、数据库指纹、机器学习模型、数据标签、文件类型、权重字典、关键字提取 / 正则化技术）对企业数据进行分级分类，并生成相应清单。

② 指纹信息：根据分类分级后的文件内容生成文件指纹，对传输的数据内容进行指纹匹配。指纹本身无法恢复为原始数据，可安全地应用于网关、终端或云端的数据安全策略中。

③ DLP 检测：为企业核心数据资产提供全方位的安全保障，适配企业 IT 全场景的技术，对外发至企业外部的内容进行 DLP 检测。DLP 检测可以通过自然语言处理（NLP）、文件指纹、数据库指纹、机器学习、图像识别、文件类型、权重字典、关键字提取 / 正则化技术对传输的内容进行分析。

④ 脱敏操作：通过脱敏规则、脱敏算法对企业的敏感数据进行变形处理，变形后的敏感数据既可以保证企业的业务正常开展，也能保障业务敏感数据不被泄露。

⑤ 持续的监控发现：采用大数据分析技术，根据企业 IT 场景部署的数据安全保护组件提交的数据与行为风险因子，基于用户行为特征进行深度建模，发现企业内部风险和异常行为，将用户风险评分结果与统一内容安全策略集成，实现对用户的智能化实时监督和控制。

（3）数据安全治理自动化的应用场景

数据安全治理的过程涉及大量标准化和重复性工作，数据安全治理自动化合理地使用自动化技术，在必要的人工介入环节中使用智能辅助，提高数据安全治理流程的合理性与各环节的闭环优化的可操作性。

　　数据安全治理自动化结合企业的业务特点和 IT 架构，根据企业数据分布范围和业务相关内容的重要性，对敏感数据进行分类分级，结合国家法律法规与行业标准，在充分考量企业本身的数据安全与业务风险容忍度的情况下，找出其中的重点风险位置和次要风险位置，把企业的 IT 架构作为一个整体进行考虑。在统一的平台框架下，根据企业的 IT 架构及重要部分和风险点的分布，挑选风险最高的位置对其实施数据安全治理自动化操作。对于大多数企业，首要数据安全风险是数据的存储、使用和流动情况不清晰，而通过数据安全治理自动化可以发现和了解在企业数据流动的重要位置的情况。

第 4 章

数字安全
最佳实践

正所谓"实践是检验真理的唯一标准"，数字安全相关技术、产品和服务在我国行业真实生产环境中的有效应用实践，可以在以下 4 个方面产生积极作用。

1. 提高效率、降低风险

最佳实践是经过验证的方法，经过长期的研究和应用，最佳实践已经被证明是可行的和有效的。通过总结、利用这些实践经验，可以提高工作效率、避免浪费时间和资源，还可以减少潜在的风险和问题，提高工作的可靠性和稳定性。

2. 促进标准化和一致性

最佳实践帮助组织在特定领域内采用一致的方法和流程，有助于建立标准化的工作流程，使得不同团队之间可以更容易地合作和交流。

3. 提升专业能力

最佳实践通常来自该领域内具有丰富经验和专业知识的专家和组织。通过学习最佳实践，个人和组织可以不断提升专业水平，与行业发展的步伐保持一致。

4. 促进创新和持续改进

最佳实践并不是一成不变的，它们会随着时间推移和技术的发展不断演进。采用最佳实践可以帮助个人和组织保持对新想法和新方法的开放，并在此基础上根据自身的实际情况，不断进行想法和方法的改进和创新。

4.1 2022 年北京冬奥会"零事故"的中国案例

4.1.1 冬奥会防护面临的巨大压力与挑战

奥运会是全球瞩目的焦点，也吸引了黑客组织关注，无论是以经济利益为目的的黑客组织，还是国家级黑客，都将奥运会作为网络攻击的主要目标，这也使得数字化时代的奥运会面临着巨大安全挑战。除了外在的网络攻击威胁，冬奥会还面临着很多内在的安全挑战。奥运会的业务环境高度复杂，技术系统复杂多样，境内外供应商众多，业务系统类型多样跨越多个领域且不能中断运行，业务系统的建设与运行快速交替，业务系统在短时间内经历全生命周期。

60 多种冬奥会业务系统服务于八大类用户。这些业务系统横跨 IT、CT、OT 等多个领域且存在领域交叉的情况，由多家国内外供应商支撑业务系统的建设和运行，需要在整个工作过程中、在工作习惯上达成一致，要有对应的策略和流程支撑，才能协同一致完成任务。

复杂的业务环境、应用的多样性，以及数据在不同业务系统中的流动，扩大了安全防护范畴，带来了安全防护方面的大量空白，冬奥会安全防护面临着诸多的压力和难点，具体如下。

（1）安全责任主体不同、安全防护需求不同、安全防护平台不同带来的挑战：北京冬奥组委是整个冬奥会网络安全保障工作的责任主体，要统筹众多参与方，包括几十家国内外云上、云下供应商和涉及更广泛的供应链，要求安全防护能够真正做到全覆盖而且实现统筹管理。中央网络安全和信息化委员会办公室是国家统筹指挥冬奥会网络安全保障的责任主体，从监管方面要进行指导、帮扶、指挥、调度。

（2）冬奥会场馆和场站众多、资产复杂带来的挑战：2022 年北京冬奥会使用了 12 个竞赛场馆、26 个非竞赛场馆、200 多个场站，还有公有云、供应链，要把资产盘点清楚是一件非常复杂的事情，还要通过安全加固来保障"阵地"足够坚固，这也是一个巨大的挑战。

（3）来自国外供应商和服务团队的挑战：这些团队对中国的技术、中国的产品、中国的服务缺乏了解和信任，这需要不断与他们沟通，帮他们建立信任。

（4）公共卫生事件防控带来的挑战：公共卫生事件发生期间，真正能够进入闭环内的人员非常少，如何确保做好一线工作，也是很大的挑战。

（5）全球网络安全威胁带来的挑战：单靠北京冬奥组委技术部自身的力量，不足以应对这样的风险和压力，如何借助国家力量来汇集更多的安全资源，是网络安全保障工作面临的又一巨大挑战。

4.1.2　"零事故"的中国案例

在长达 800 多天的时间里，北京冬奥会安全方案经历了设计期、建设期、非关键运行期、关键运行期一直到清退期，抵御了超过 3.8 亿次的攻击，跟踪、研判、处置了 105 起涉及冬奥会的关键网络安全事件，累计发现和修复了超过 5700 个漏洞，每天处理的日志量超过 37 亿份。最终实现了冬奥会网络安全"零事故"，确保了北京冬奥会"业务不中断、数据不丢失、合规不碰线"。

总结北京冬奥会网络安全"零事故"的经验，核心是基于创新中国模式、落地中国架构、研发中国产品、部署中国服务所形成的中国方案。中国方案具备以下四大创新点。

1. 创新中国模式，应对冬奥会安全防护范畴扩大带来的安全能力和覆盖度的挑战

冬奥会面对的是包含国家级攻击组织在内的复杂、多样的威胁主体，仅靠冬奥会防御体系和防御能力，不足以保障冬奥会的运行万无一失，必须统筹协调包括国家监管和网络空间对抗力量在内的多种能力和资源，通过机制和组织创新，实现在最大范围内、最快速、最高效地调用资源。通过防御体系和网络空间对抗体系之间的连接协作，落地形成"三级态势指挥体系"。

第一级是防御一线，是分布在网络中心、数据中心，还有 30 多个场馆、200 多个场站中的一线防御力量，这是最关键的"低位"能力，这些防护系统所采集的告警和日志都会汇集到第一级的奇安信北京冬奥会网络安全保障指挥中心，也就是 NGSOC 上，完成安全事件的快速发现、告警、及时响应和处置，所有过程形成闭环，然后再进行上报。

上报的数据汇集到第二级的冬奥会网络安全态势感知平台上，平台衔接了由北京冬奥组委技术部所构成的冬奥会网络安全保障指挥中心和国家监管指挥工作平台。平台上除了一线核心业务系统的安全数据，还汇集了官网票务、邮件、CDN（内容分发网络）、供应商的全部网络安全事件和安全数据，这是一个实现态势感知和分析研判的协同工作平台。

第三级是中央网络安全和信息化委员会办公室的指挥协调平台，可以协同多方的力量和资源共同参与保障。根据专家研判的结果和对攻击来源进行画像，形成了指挥调度指令，通过平台下发，协同多方进行安全事件处置，完成了三级态势指挥体系每一级间的无缝衔接和联动的过程。

这种新模式和技术平台的应用，可以在最大范围内、最快速、最高效地调用国家和社会的资源，对冬奥会进行保障。在整个冬奥会办赛过程中，还协同了更多的社会资源，包括利用"冬奥网络安全卫士"吸收众多"白帽黑客"一起来进行冬奥保障。国务院国有资产监督委员会还协调集中了 29 家央企的 300 多名技术专家，与奇安信的安全服务团队一起构建了 95015 网络安全应急响应服务。

北京冬奥会的中国模式是一种新的组织模式，在最大范围内、最快速、最高效地调集了大量国家和社会资源，形成体系化作战。这是一种"集中力量办大事"的组织模式。

2. 落地中国架构，应对冬奥会信息安全保障与信息化建设同步规划、同步建设、同步投入运行的管理模式转变带来的挑战

为保护冬奥会业务系统，首次在奥运会上全局性、系统性地采用内生安全框架，也是首次由一家安全企业进行奥运会全局性网络安全体系规划建设工作。

规划阶段采用系统工程方法统筹整体，涵盖了管理、技术、运行。在设计开始时盘点网络安全能力，进行网络安全能力的有机组合，而不是进行简单的产品堆砌。

在网络安全体系建设过程中，安全与业务进行深度融合内生。所有信息系统想要进入冬奥会环境，必须先经过安全设计和安全能力检查，安全先行的思想在整个建设过程中无处不在。整个冬奥会网络安全体系规划了十大工程，涵盖了一体化终端的建设、系统安全、云安全、应用与数据安全、特权访问、态势感知等工程，这些安全工程建设都与信息化环境进行了整体融合。

冬奥会还形成了平战融合的实战化运行组织体系。通常情况下，安全运行和安全建设是两个团队。冬奥会首创了"一个机构两块牌子"的机制，安全运行和安全建设是一个团队，使得安全体系的知识传递非常顺畅，工作思想转换也很顺畅，快速进入真正的实战化运行阶段。

落地中国架构是一种新的建设模式，这是一种面向信息化环境和业务系统的全局性、系统性、体系化的规划建设模式，每一个工程和任务的设置都要综合考虑管理、技术、运行等各方面的要素，避免割裂。各工程和任务之间相互关联、能力互补，形成有机的整体，将多元、动态、零散的安全能力汇集到标准统一的安全能力体系中，同步分布并融入数字化业务各方面，实现信息化系统及信息基础设施本质安全，避免"两张皮"。

3. 研发中国产品，应对冬奥会安全从工具产品变成复杂系统的范式转变带来的挑战

冬奥会部署了九大类 55 个品类的 800 多台硬件产品，还有大量的软件产品，这不是简单的产品部署，而是构建了一个庞大的安全应用系统。

在这个系统中，将安全设备、软件、平台分为了"低位""中位""高位"。产品在"低位"各自守好关键的安全控制点，还要把数据汇集到 NGSOC 这样的"中位"平台上，进行安全监控与运营支撑。一线人员在 NGSOC 上进行日常运行和安全事件处置工作。"高位"有态势感知平台、研判系统、情报体系，进行整体的联通。

这么多产品的联动，"大禹"安全中台发挥了非常大的作用，既打通了不同设备和软件间的屏障，还南北向打通了奥组委技术部与中央网络安全和信息化委员会办公室间的指挥调度通道。这是一个架构完全开放的平台，NGSOC、态势感知平台、"白泽"研判系统都构建在这个中台之上，可以快速对功能进行调整。

在整个系统中，保障安全产品的自身安全性非常重要，为此设立了 3 道防线。第 1 道防线，动用了奇安信公司内外一流测试、攻防团队、采用众测机制、漏洞悬赏等

12 种方式寻找产品安全缺陷。第 2 道防线，建立了和冬奥会 1∶1 的环境，在所有设备入网或是升级之前，先在与冬奥会 1∶1 的环境中通过测试，再部署到冬奥会实际环境中。第 3 道防线，在现场的设备入网与升级部署过程中，现场人员再进行一次完整性验证。3 道防线确保了安全产品的安全可靠，采用这样的方法已经成为冬奥会高标准、严要求的成果，之后被用于公司产品自身安全性的常态化保障。

冬奥会研发中国产品的模式是一种新研发模式，将多种安全能力、安全功能组件化、模块化，用平台化的方式输出到产品中，形成一个应用系统，这是实现冬奥会网络安全"零事故"的关键，也是提升网络安全产品能力和研发效率的有效途径。

4. 部署中国服务，应对安全运行融入信息化建设和业务运营的模式转变带来的挑战

保障冬奥会的安全运行其实和其他短期的重大活动、赛事安保不太一样，我们面对的是一个赛事，不分平时、战时，全天候、全方位、全周期的实战化的安全运行过程，有 3 个关键点。

第 1 个关键点是"平战融合"，即不分平时和战时。因为在网络空间里面，攻击是随时发生的，业务系统不能中断运行。冬奥会的整个安全系统从建设起，就处于运行和建设不断切换的状态，构建了一个全面覆盖、深度融合的安全服务体系。

第 2 个关键点是"肌肉记忆"，所有的安全服务工作都一定要有章可循，要有流程与规程。运行上设置了 4 级流程，第 1 级流程确立了 5 个方针策略，第 2 级流程确立了 30 多个策略，第 3 级流程确立了 40 多个流程，第 4 级流程确立了 60 多个规程。所有一线工作，如更改配置、漏洞修补、安全加固，都有对应的流程与规程指导，所有动作都有章可循，在不断的训练中形成条件反射的情况下，形成"肌肉记忆"，85% ～ 90% 的事件发生时，一线值守人员立刻知道该如何应对。

第 3 个关键点是"形成预案"，对于可能发生的重大安全事件，如大规模 DDoS 攻击、勒索蠕虫病毒、APT 攻击都形成了预案，并且进行了反复演练，实现了面向赛事的分钟级的应急响应，北京冬奥会闭环运行以后，做到了在 10 分钟之内解决所有问题。

北京冬奥会组织了 15 次以上的攻防演练，其中包括国际奥林匹克委员会进行的各类测试，他们在不通知任何人的情况下，突然拔掉网线或者使 IAM（身份识别与访问管理）系统瘫痪来考察北京冬奥会各部门的反应能力，对于北京冬奥会安全运行的应急响应速度与业务恢复速度，国际奥林匹克委员会官员给予了高度评价，相信这些经验对重点单位的安全运营实战化是非常有价值的。

冬奥会部署中国服务是一种新运行模式。这是一种全天候、全周期、平战融合的

全新实战化运行模型，面向业务，立足威胁应对和安全事件处置实战，将安全运行与
IT 和业务运营全面、深度融合。

北京冬奥会还做到了一点，就是从攻击防御往前多迈了一步，从攻击来源和攻击
者的视角看问题，这个过程叫作重保研判，通过重保研判连通冬奥会安全防御体系和
国家指挥体系、监管体系与网络空间对抗体系。

冬奥会整体安全防御体系的作用是，当发现可疑的行为时，基于大网上的海量数
据看是谁发起了攻击？它在大网上还干过什么？当转接到攻击来源的视角以后，就要
找出攻击背后的攻击组织、攻击手法和攻击资源，最终明确其攻击意图，研判之后把
它交给国家监管平台和网络空间对抗力量进行处置。

在整个冬奥会重保期间，攻击来源 IP 地址数从 2022 年 1 月的每天四五千个，到
3 月每天只有四五十个，实际攻击告警数量也大幅度下降。我们的目标并不是把所有
攻击来源都清除，而是使攻击情况在我们的掌控之中，并且攻击数量持续下降，使得
防守侧的压力大幅缓解。这样的研判方法也是第一次在冬奥会中使用。

从全局视角来看，在整个冬奥会安全保障过程中，通过内生安全体系，由北京冬
奥组委和奇安信、国家力量共同构建了一个非常完善的防御体系，拉通了国家网络空
间监管和网络空间对抗体系与冬奥会网络安全防御体系。

在冬奥会重保期间，找到了网络空间安全防御体系和国家监管力量之间的协同方
式，形成了"安全防御体系""网络空间对抗体系"双体系，让多方力量能够在重保
期间协同处置安全事件，形成了特有的"中国道路"。

4.1.3　推广中国案例需做好的 6 项工作

奇安信的冬奥会网络安全"零事故"中国案例，可以有效运用在更广泛的关基
保护（关键信息基础设施保护）及各类大型机构的网络安全保障中，同时也可以为
产业创新发展提供思路和方法。在借鉴和参考该方案前，有 6 个当务之急的工作需
要做好。

（1）保护资产安全。"盘清家底"，构建动态资产清单，解决"资配漏补（资产管理、
配置管理、漏洞管理、补丁管理）"问题，进行资产安全纳管，同时建立软件供应链
安全管理机制。

（2）互联网出口收拢。构建网络纵深防御体系，收拢网络出口，增加纵深，缩小
暴露面，精细化分区保护，分支机构通过 SASE 架构进行安全边界接入防护。

（3）实战化威胁检测与响应。在全流量高级威胁检测基础上，综合主机安全防护、
终端安全防护，通过 SOAR 进行安全编排。

（4）强化基础数据安全。通过云数据中心的基础安全防护、关键系统特权管理和

堡垒机进行行为防护、关键业务系统的 API 安全防护、开展全过程数据安全审计、建立数据安全态势感知平台等手段确保基础数据安全。

（5）增强应用与数据安全。通过核心应用系统权限管理、API 权限管理，对重要数据流转进行精细化管控，实现动态细粒度访问控制。

（6）一体化实战安全运营。保证"资配漏补"的系统安全；基于大数据中台的安全运营与数据安全态势感知平台支撑；制定并落实安全运营策略、流程、SOP（标准操作规程）；实现 3 层网络安全运营指挥协同架构；通过实战演练，检验安全运营体系的有效性等，建设重保研判系统，从攻击者视角开展分析研判、攻击溯源等积极防御工作。

4.2 网络安全等级保护 2.0 3 级要求在医疗行业中的应用案例

4.2.1 用户需求

某医科大学附属医院，是集医疗、教学、科研、急救、保健于一体的综合性医院。在行业网络安全事件频发的背景下，过往零散且十分有限的网络安全防御体系建设致使当前存在较多突出的安全隐患，为业务运转带来极大的安全风险。此外，网络安全等级保护也迎来重大升级，遵照网络安全等级保护 1.0 要求进行网络安全防御体系建设已经不再适应当下的网络安全形势。

为贯彻落实国家和卫生行业的网络安全等级保护制度，并切实提高自身网络安全防护能力，本次项目需全面评估技术和管理层面的安全现状，梳理当前存在的高危安全问题，结合实际业务保障需求，对医院的网络安全防御体系进行周全设计，旨在满足网络安全等级保护 2.0 3 级要求的同时，全面提高网络安全管理水平和风险控制能力，保障医院信息系统的平稳运行及相关业务的持续开展。

4.2.2 总体框架

医院当前已建设了业务内网和办公外网，且内外网实现物理隔离、不能互通。医院业务内网承载的医疗业务系统包括了 HIS（医院信息系统）、LIS（实验室信息系统）、PACS（影像存储与传输系统）、EMR 电子病历、医疗信息集成平台等，其中业务内网数据中心部分系统采用了基于 VM（虚拟机）的虚拟化方式，医院业务内网不与互联网相通。医院办公外网承载办公业务系统和网站系统，与互联网相通。

本项目充分调研了医院当前的网络拓扑情况、医院业务开展情况及现有网络安全能力情况，基于现状进行风险分析，全面评估网络安全技术和网络安全管理层面存在的安全隐患，梳理出当前最为突出的网络安全问题。

在安全合规性层面，严格遵照网络安全等级保护 2.0 的相关要求，且结合卫生行业网络安全要求进行差距分析。最终从业务保障需求、网络安全风险防范需求及安全合规性需求 3 个层面明确本次项目的安全建设目标，即满足网络安全等级保护 2.0 3 级要求，确保业务稳定、可靠、安全地运行。

网络安全防御体系设计以目标为导向，从技术、管理、运维层面进行体系化、有针对性的安全设计，并着眼全局，综合考虑未来安全演进趋势，构建形成网络安全综合防御体系。以天融信解决方案为例，其框架如图 4-1 所示。

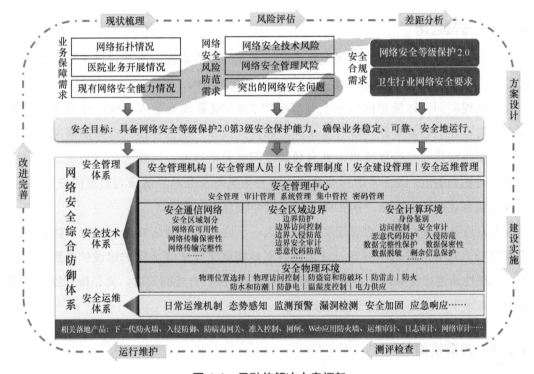

图 4-1 天融信解决方案框架

从技术层面在保证物理环境安全的基础上，落实分区分域保护，建设"一个中心，三重防护"下的纵深防御技术体系。

（1）构建安全通信网络，基于安全防护等级、业务类型、网络功能等进行合理安全区域划分，在此基础上，保障网络高可用性及网络传输的保密性和完整性。

（2）构建安全区域边界，充分考虑安全区域边界的安全防范需求，通过落实边界防护、边界访问控制、边界入侵防范、恶意代码防范及边界安全审计等，实现区域边界的安全隔离及风险控制。

（3）构建安全计算环境，在现有安全能力的基础上，补充完善身份鉴别、访问控制、入侵防范、恶意代码防护、数据完整性保护等能力措施，保障计算环境安全可控。

（4）构建安全管理中心，对整网安全进行集中管控，有效落实安全运维管理工作。方案设计兼顾安全能力的持续演进，充分考虑未来安全建设的兼容性，确保平滑更迭，并基于实际应用环境，采取适应环境的安全措施，确保方案落地切实可行。

从管理层面针对医院当前管理体系不健全现状提出有针对性的建议，帮助客户完善管理制度、管理策略，优化管理机构；在运维层面，立足安全运维现状，结合已建设的安全能力，帮助客户建立、形成切实可行的安全运维机制，为业务安全运转护航。

4.2.3　方案应用

方案设计基于网络安全现状摸底情况，在充分分析本次安全建设需求后，以合理的总体目标为导向，结合实际情况进行有针对性的设计。

在合规层面，以满足网络安全等级保护2.0 3级要求为重点目标，遵照相关要求梳理当前存在的合规差距，综合考虑风险和投入成本，确保在投入有限的情况下，最大限度覆盖网络安全合规要求，并有效降低网络安全风险。风险管控以解决当前突出的安全问题为重点，综合考虑行业典型网络安全风险及医院当前最为紧迫的安全问题，采取合理有效的安全措施，切实提升网络安全综合防范能力。

方案设计以安全规划的思想和视角切入，不同于以往网络安全等级保护建设对照要求进行点对点应答式的方案设计思路，而是将网络安全等级保护建设扩展到更高层面，系统性地进行安全设计，在保证网络安全等级保护合规的同时，真正做到提升网络安全保障水平，并可在未来平滑持续演进。

4.2.4　方案价值

本案例介绍的是天融信在医疗行业中的真实项目，用户信息已经过脱敏处理。

解决方案的构建形成了既合规也实战化的综合防御体系，有效解决了医院所面临的恶意代码肆虐、敏感信息泄露、安全问题不可见等典型和突出的安全问题。

在技术层面形成了纵深防御技术体系，补齐了对标网络安全等级保护3级要求的安全防护措施，使得技术防范力度得到了全方位加大。在管理层面遵照网络安全等级保护3级要求，基于现状进行了体系化完善，更好地约束和规范了网络安全管理工作。在运维层面以现有安全运维工作为基础，结合已建设的安全防护措施，构建了闭环的安全运维体系。

当前各行业都面临着严峻外部威胁，以及要符合严格的安全合规要求，网络安全等级保护合规建设目标已不局限于通过等级测评。尤其在资金预算充裕的情况下，运营者往往还需要实质性提升安全防护能力，以切实保障业务安全稳定运行。

解决方案可作为网络安全等级保护建设的有效参考，采用先深入摸底分析，再明确差距和目标，最后设计有针对性的方法。避免机械对照网络安全等级保护要求进行逐条响应，同时还应充分考虑未来网络安全的持续精进，确保建成合规且实战化的安全能力。

4.3　EDR 在互联网行业中的应用

4.3.1　用户需求

在某大型互联网购物平台的安全运营中存在诸多问题，具体如下。

（1）不知道网络具有多少终端，都是谁在用这些终端。

（2）每次都是被攻击后才发现，很被动。

（3）发现了攻击行为，没办法及时组织抵御、采取相应措施。

（4）攻击事件解决后，还是不知道攻击怎么来的，不清楚安全漏洞的源头。

为了解决以上问题，提出了以下有针对性的要求。

（1）清楚网内端点资产，快速准确地定位问题。

（2）端点侧要具备主动防御未知威胁的防御体系。

（3）能及时、有效地处置问题端点，防止攻击横行渗透。

（4）需要具备进行攻击溯源的能力，为事后分析安全事件提供有力的手段。

4.3.2　总体框架

通过应用 EDR 解决方案，用户的安全运营需求可以满足。以 360 数字安全解决方案为例，其框架如图 4-2 所示。

EDR 可通过如下方式提供相应安全能力。

（1）通过探针对端点的基础资产信息和安全行为数据进行采集，EDR 支持常见的 Windows 终端，Linux 终端，MacOS 终端和信创终端，进行高效精准的安全行为数据采集。

（2）由管理平台把探针采集的安全行为数据传递至情报分析中心，ERR 进行规则判定和情报碰撞、命中，通过管理平台展示威胁告警信息。

（3）EDR通过管理平台下发响应处置命令，对产生威胁的端点进行处置，如隔离端点，结束恶意进程，封禁IP地址、封禁域名。

（4）EDR对产生的攻击行为进行上下文的攻击链分析，展示攻击链路图，进行威胁攻击的溯源追踪，找出攻击源头。

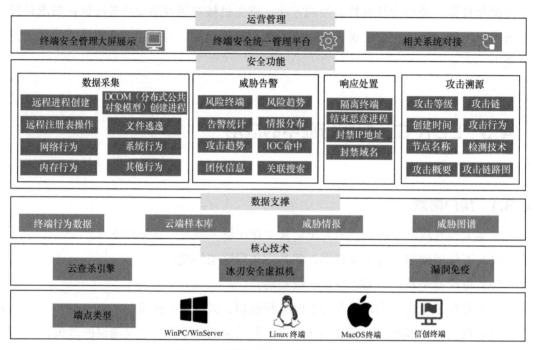

图 4-2　360 数字安全解决方案框架

4.3.3　方案应用

在数据采集层，基于 Intel / AMD CPU 硬件虚拟化技术实现了相关的核晶防护引擎，该引擎在系统底层对恶意行为进行监测，无法被市面上的技术绕过，能采集到更全面、更准确的端点安全行为数据。

数据分析层积累了全球独有的攻击知识库和攻击样本库，攻击样本文件总量已达到 310 亿，每日新增 1000 万个，并打造了全球顶尖的网络攻防专家团队，打造了200 人的安全精英团队和超 3800 人的安全专家团队。在融合"大数据＋知识库＋专家"和海量算力的基础上，建立了一套捕获 APT 的大数据分析平台。对 EDR 采集的端点安全行为数据进行精准的分析判定。

360 数字安全 EDR 客户侧部署方式如图 4-3 所示。客户采用总部统一管理的部署模式。在总部搭建集中的 EDR 管理平台和运维中心，全国各地的分支机构统一接入总部的 EDR 管理平台，进行统一管理和数据的统一上报、分析。

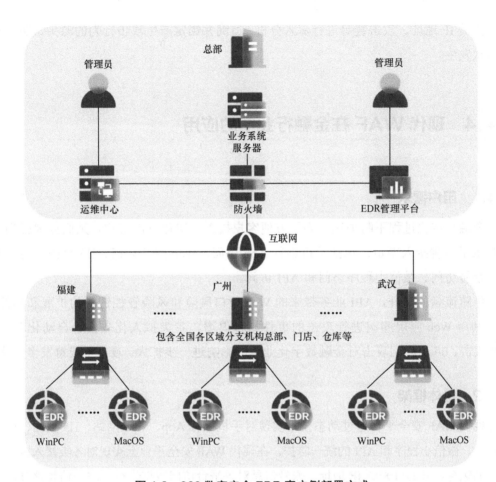

图 4-3　360 数字安全 EDR 客户侧部署方式

4.3.4　方案价值

本案例介绍的是 360 数字安全在互联网行业中的真实项目，用户信息已经过脱敏处理。解决方案为用户带来了诸多有益的成效，具体如下。

（1）终端资产实名制：通过资产发现能力，采集终端基础资产信息，实现终端资产实名登记，关联到终端和相关人员。在发现问题终端时第一时间锁定终端和相关人员，及时排查问题所在。

（2）针对终端侧未知威胁的主动检测能力：通过部署终端 EDR 来采集终端安全行为数据，并进行威胁分析；能及时排查并知晓网络中存在未知威胁的终端，及时发现、及时处理。

（3）对全网终端的一键处置能力：通过 EDR 管理平台可以随时对存在未知威胁的终端进行隔离、结束恶意进程、封禁 IP 地址和封禁域名；防止攻击进一步扩散，造成更大的经济损失。

（4）具备了全网攻击溯源能力：通过 EDR 的关联分析能力，能对攻击的上下级进程、终端 IP 地址、攻击链等进行深入分析；追溯并锁定产生攻击行为的源头，防止攻击再次发生。

4.4 现代 WAF 在金融行业中的应用

4.4.1 用户需求

金融数字化进程不断加速，为了方便客户接入、快速发展客户，某商业银行为客户提供了多种接入渠道，包括手机银行 App 访问、Web 网站访问、H5 页面访问、微信公众号访问、微信小程序访问和 API 访问。

伴随流量的提升，API 业务带来的 Web 敞口风险和风险管控链条的扩展和延伸，各种利用 Web 应用漏洞进行攻击的事件与日俱增，各类拟人化攻击、自动化攻击、API 攻击、0day 漏洞攻击对金融数字化业务的影响进一步扩大，攻击手段愈发多元化。

4.4.2 总体框架

现代 WAF 安全平台通过动态技术实现对手机银行 App、Web 网站、H5 页面、微信公众号、微信小程序和 API 的统一防护，在现代 WAF 安全平台上实现对各类接入客户端数据的融合，并通过来源 IP 地址、账号信息对各平台访问数据进行关联与信誉评分，实现多平台业务信息的联动与威胁感知，达到精准识别与拦截恶意自动化非法请求的目的。

以瑞数解决方案为例，其框架如图 4-4 所示。

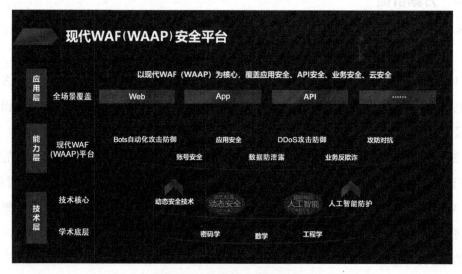

图 4-4 瑞数解决方案框架

1. 全渠道访问的统一防护

实现了全渠道业务（手机银行 App、Web 网站、H5 页面、微信公众号、微信小程序和 API）统一防护，实现了网页代码隐藏和自动化工具攻击防护，对网站的网页代码进行隐藏，防止恶意攻击者分析网站代码，从而发起有针对性的攻击。实现对各种自动化工具攻击的高效识别和防护，如针对网站的漏洞扫描工具、批量识别和防护金融欺诈工具。

2. 跨渠道数据统一融合分析

通过完整的数据记录，系统可以透视用户的访问轨迹，追踪用户的访问行为，实现数据在各个业务之间的共享，形成银行的风控数据积累，提升整体风险控制能力、安全防护能力，实现统一数据输出和融合。

3. 构建应用安全的统一标准

建立能快速上线部署的安全标准，在整个安全流程规范化的同时，实现异构集成，满足安全能力的无缝对接，降低了金融业务创新成本。异构集成能够快速融合新安全能力，提高兼容性，分别实现安全能力的快速集成和前台应用的快速调用。

4.4.3　方案应用

1. Web 应用协同防护

融合传统架构及云上应用多场景的适配性和可扩展性，从传统网络边界，迁移到各种 Web 应用、App 和 API 云服务，构建集中于业务逻辑、用户、数据和应用的可信安全架构，全面抵挡新的安全威胁。系统部署后，大幅提升对欺诈来源的识别及追踪能力，且能全程掌控攻击全貌，建立对抗网络空间威胁的全方位立体作战能力。

2. 安全技术变革，化被动为主动

动态安全技术无须依赖规则和补丁，为网站提供主动式安全防护。以动态安全防护技术为核心，提升服务器行为的不可预测性，提供面向业务层的主动防御能力，高效甄别伪装和假冒正常行为的已知和未知自动化攻击，拦截未知威胁。

3. 基于 AI 技术的新思路

通过使用机器学习的多种威胁模型来确定异常攻击，并阻拦确定的攻击请求。每个威胁模型都代表特定的攻击类别（SQL 注入攻击，跨站点脚本攻击，OS 命令注入

攻击等）。这些威胁模型使用来自各种来源的数十万个真实攻击样本，包括如 CVE（通过漏洞披露）和 Exploit DB 提供的威胁情报，及第三方漏洞扫描程序收集的数据，进行了广泛训练和测试，从而发现高度隐蔽的攻击，有效提高检测速率，降低误报率、错报率。并且进一步过滤了自动化攻击的噪声，让大数据风险控制变得更加精确高效，大幅降低线上交易被欺诈的风险，为行业树立了新标杆。

4. 强化对新兴 Bots 自动化攻击的威胁防护能力自动化攻击

Bots 自动化攻击防护能力可以高效抵御自动化工具发起的高效大规模攻击，如恶意爬虫、撞库、虚假注册、交易篡改、API 滥用、0day 漏洞攻击等，保障在业务、应用和数据层面的安全升级。动态验证技术基于动态算法，每次派发的终端检查代码的逻辑与形态均不同，攻击者无法预知检查内容，难以绕过。即使企图逆向代码，也只有当次有效，下次必须重新逆向代码，攻击成本极为高昂。动态验证技术解决了全球同类型方案中，易于逆向代码及绕过安全防护的问题；更通过真实运行环境验证及终端攻击行为模式分析等技术，完整掌握攻击全貌，并能精确描绘攻击者画像。

4.4.4 方案价值

本案例介绍的是瑞数在金融行业中的真实项目，用户信息已经过脱敏处理。解决方案为用户带来了诸多有益的成效。

1. 解决业务安全问题

通过将所有的 Web 应用、App 和 API 应用全部接入该平台，通过动态安全技术实现对访问客户端信息的收集，结合全部访问记录，利用大数据技术统一汇总访问日志，进行综合关联安全分析，发现可能出现的攻击行为，有效拦截了各种自动化攻击行为，防止了黑色产业链发起的各种业务攻击。如自动化工具发起的批量查询和异常交易行为被有效阻拦，境外 IP 地址使用多个账号频繁登录和交易的异常行为等。

另外，现代 WAF 安全平台具备对未知攻击的安全防护能力，保障业务系统免受0day 漏洞攻击，给安全运维提供了足够的时间进行漏洞修复，为相关一线部门提供自动化工具拦截、安全告警、数据输出的服务，并给出处理建议，实现统一的安全威胁防护和分析。

2. 降低金融企业经济损失

金融企业为了提升经济效益，经常组织促销活动，随之而来的是大量的用户利用自动化工具将金融企业大量的促销投入"薅"走，给企业带来了巨大的经济损失。

通过现代 WAF 安全平台可以清晰了解真实用户对哪些业务比较热衷，哪些业务参加的用户数量多，哪些活动可以吸引更多的用户注册，从而辅助业务推广。通过用户画像了解用户的行为模型，可以实现精准营销，增加收入。

3. 助力金融行业抗击黑色产业链

该项目的成功，为金融行业探索了一条全新的抗击黑色产业链的道路，首先其从黑色产业链的最核心部分——自动化工具开始，让所有的自动化工具无法运行，从而打击黑色产业链。其次基于 Web、App、API 业务全渠道安全防护、跨渠道数据融合、业务安全威胁透视、应用安全统一管理，形成安全联防态势，大幅提高整体安全防护能力。

4.5 工业控制系统防护体系在电力行业中的应用

4.5.1 用户需求

水电监控系统是水电厂的"神经中枢"，可实现水电机组的自动启停、负荷及运行的智能调整，是保障水电厂及电网安全稳定运行的重要基础。长期以来，国内大型水电机组的监控系统采用的大部分软硬件均依赖国外进口。

习近平总书记在 2018 年 5 月 28 日中国科学院第十九次院士大会、中国工程院第十四次院士大会上指出："关键核心技术是要不来、买不来、讨不来的"，只有深入践行创新驱动发展战略，突破断供难题，把关键核心技术牢牢掌握在自己手中，才能从根本上保障国家能源系统安全。

为了打破现有电力工业控制系统和信息领域"缺芯（中央处理器）、少魂（操作系统）"的局面，突破电力监控系统和网络安全领域断供的困境，某集团提出"电厂单机 700 兆瓦水电机组国产计算机监控系统研发及实施"作为集团"十四五"期间十大科技项目之一。为了保护"神经中枢"水电监控系统"百毒不侵"，除水电监控系统自身需要提高本质安全外，还需要配套实施自主可控网络安全防护体系建设，该安全防护体系作为水电监控系统的"免疫系统"。

4.5.2 总体框架

1. 总体技术路线

项目总体设计严格遵循安全性、可靠性、可扩展性、标准化、可管理、自主可控、统筹规划及分步实施原则。

根据水电监控系统运行环境相对稳定固化、系统更新频率较低的特点，依照工业和信息化部印发的《工业控制系统信息安全防护指南》、国家能源局印发的《电力监控系统安全防护总体方案》中的相关要求，形成项目总体技术路线以"白名单"机制为核心的工业控制系统网络安全解决方案。通过对工业控制系统网络流量、边界访问控制等进行监控，收集并分析工业控制系统网络数据及边界安全防护状态的信息，建立工业控制系统正常工作环境下的安全状态基线和模型，进而构筑工业控制系统安全"白环境"，确保实现以下 3 项。

（1）只有可信任的设备，才能接入工业控制系统网络。

（2）只有可信任的消息，才能在工业控制系统网络上传输。

（3）只有可信任的软件，才允许被执行。

2. 项目技术创新

（1）智能行为白名单流量分析技术

智能行为白名单流量分析技术运用自学习白名单建模，对各类违规行为或恶意安全事件进行实时检测和报警。通过对水电机组核心监控系统的网络通信流量进行全面深度解析，完成对针对工业协议的网络攻击、用户误操作、用户违规操作、非法设备接入等违规或恶意行为的实时检测和报警，同时记录一切网络通信行为，包括值域级的工业控制协议通信记录。

（2）分布式网络空间资产探测技术

分布式网络空间资产探测技术采用并行扫描技术结合智能关联分析技术和工业资产自动发现技术，对工业网络内的所有资产进行"组态化"安全监测。通过并行扫描多扫描节点，每个节点采用流水线式设备扫描探测技术，将探测过程分为 4 个步骤（端口识别、服务识别、设备识别、漏洞识别），逐级降低处理的 IP 地址数量，提高扫描效率。

（3）多维度的工业控制协议识别技术

多维度的工业控制协议识别技术包括位特征、数据特征、会话特征、IP 五元组特征、协议行为特征和统计特征等多个维度。工业控制协议所具有的多种特征由可更新、可定制的特征库进行维护。

（4）工业控制系统漏洞无损探测技术

工业控制系统漏洞无损探测技术通过工业控制系统协议交互获取目标工业控制系统设备的厂商、型号、固件版本等多种信息，关联查询工业控制系统漏洞库中的 CPE 信息，可有效发现被扫描工业控制系统设备中存在的漏洞，且不会对工业控制系统设备造成任何损伤。

（5）实现工业控制系统网络安全信息与水电监控系统快速信息交互

通过对水电监控系统网络安全信息进行统一汇总，并利用 IEC104 协议按需发送至监控系统。

4.5.3　方案应用

本项目方案旨在满足相应法律法规及标准规范要求的情况下，全面提升全国产电力监控系统网络安全防护水平，并通过国产网络安全防护产品的研发、应用实践，为各行业乃至全国工业控制系统国产网络安全防护体系建设提供电力行业样板。

以威努特解决方案为例，框架如图 4-5 所示。

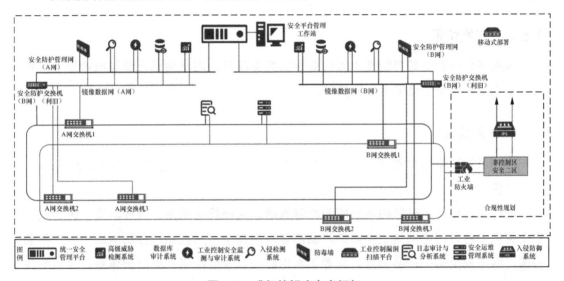

图 4-5　威努特解决方案框架

（1）在安全一区（安全二区左方）A 网、B 网和安全二区之间部署工业防火墙，通过访问控制和工业控制系统协议深度解析，建立业务通信白名单，实现区域间的安全访问控制。

（2）在安全防护交换机旁路部署工业控制系统安全监测与审计系统。基于工业控制系统协议深度解析技术，利用智能学习建立业务系统通信模型，实时监测生产网络中存在的异常流量和行为，提高计算机监控系统的网络安全审计能力。

（3）在安全防护交换机旁路部署入侵检测系统和高级威胁检测系统，通过入侵检测功能，及时告警网络中存在的非法扫描、入侵、APT 攻击等违反安全策略的行为和被攻击的迹象。

（4）在安全防护交换机旁路部署防毒墙，及时告警网络中存在的病毒传播事件。

（5）建设安全防护管理区（AB 环网之外）以实现集中管理，在安全防护管理区内部署安全运维管理系统，完成账号的统一管理、资源和权限的统一分配、操作全程审计，提升运维过程的安全性。部署统一安全管理平台，对机组部署的安全设备进行统一安全管理，包括策略下发、日志审计、报警展示等，简化工作流程、提高运维工作效率。部署日志审计与分析系统，实现日志数据和告警数据的统一收集与分析。部署数据库审计系统，对数据库的重要操作行为进行监控和审计。部署工业控制系统漏洞扫描平台，对计算机监控系统进行漏洞扫描，实现对工业控制系统设备、系统、软件等的漏洞的掌控及管理。

（6）在安全二区和调度数据网（安全二区上方的另一网络）之间部署入侵防御系统，对病毒传播、利用漏洞发起的攻击、扫描探测等各类攻击进行实时检测和阻断，保障电厂与调度之间的通信安全。

4.5.4　方案价值

本案例介绍的是威努特在电力行业中的真实项目，用户信息已经过脱敏处理。解决方案为用户带来了诸多有益的成效。

1. 社会效益

（1）填补了水电监控系统的安全防护短板，保障国家关键能源基础设施的安全、稳定运营

项目通过将自主可控的高级威胁检测系统、入侵检测系统、入侵防御系统、统一安全管理平台等国产网络安全防护产品部署应用在水电监控系统控制网络中，一整套的国产网络安全防护产品构建、完善了水电监控系统的网络安全防护体系，有效解决"攻击检测难""分析上报难""溯源取证难"等问题。全面提升该水电厂水电监控系统的整体安全性，降低该水电厂工业控制系统网络的安全事件发生概率，保障了国家关键能源基础设施的安全、稳定运营。

（2）为工业控制系统网络安全技术产品国产化迭代创新提供了样板

本项目的实施是一次工业控制系统网络安全技术产品国产化迭代创新，同时结合该水电厂国产水电监控系统的实际情况，按系统化、规范化、工程化要求、细化了水电监控系统安全防护的技术要求，定制化开发了自主可控安全产品。在一定程度上达到了加速国产化的工业控制系统网络安全技术产品在电力等重点行业中的推广应用的效果。

2. 经济效益

若水电监控系统遭受网络安全攻击，轻则导致某些主机丧失功能，重则可能导致

整个监控系统瘫痪或者误控，当水电监控系统失效或误调误控发生时，将导致设备停运，以该水电厂 1 台主机损失 1 天负荷计，将造成近 1000 多万元的直接经济损失；同时，根据南方区域"两个细则（《南方区域电力并网运行管理实施细则》《南方区域电力辅助服务管理实施细则》）"中的水电监控系统安全防护要求，若导致水电监控系统信息安全事件发生，每次按 20 万千瓦时计为考核电量。通过本项目建设完成，能够全面提升水电机组监控系统的整体安全性，确保设备、系统、网络的可靠性、稳定性。

3. 可推广性

通过本项目建设，形成了一套为电力、能源等重要行业领域提供网络资产测绘、漏洞防护、监测预警、检测防御、安全态势感知、信息共享、攻击溯源等功能的网络安全防护解决方案，为国家关键基础设施网络安全防护自主可控提供示范经验，验证了国产化工业控制系统和网络安全防护设备具有保障国家关键基础设施的能力和实力。

本项目是国产化工业控制系统网络安全防护体系建设方面的首个典型应用，示范意义及推广价值巨大，在捍卫国家网络安全、解决关键领域断供难题大背景下的示范意义及推广价值尤为突出。

4.6　文档信息安全在纪检工作中的应用

4.6.1　用户需求

某县纪律检查委员会是主管全县纪律检查和行政监察的职能部门。随着数字化进程加快，该单位的综合业务平台、综合办公平台等应用系统内产生了大量的电子文档，这些电子文档涉及国家利益，关乎国家安全。

电子文档具有易复制、易打印、易传播、难溯源等特性，例如，对电子文档打印、拍照，纸质文档遮挡编号后对其复印、拍照，对电子文件进行录屏及截屏等操作，均会导致泄密事件发生。实现对电子文档的安全管理、泄密事件的防范，以及泄密责任的追溯，对安全保密措施的制定和保密责任的界定具有重大意义。

为此，该单位决定建设完善的文档信息安全综合管理体系，为单位文档信息安全管理提供全方位的信息泄露防护措施，提升文档数据安全防护能力。

用户单位的文档信息安全管理现状主要存在以下问题。

1.传统防信息泄露体系不具备事后溯源的能力

传统防信息泄露体系的建设主要集中在终端安全防护、网络安全防护、数据库安全防护等层面，对于偷拍、非法复印文档等途径发生的信息泄露，无法形成事后溯源能力。

2.现有的明文水印溯源技术难以追踪溯源

在当前的文档溯源技术中，最常见的方式是采用明文水印。使用统一的水印无法溯源。另一种方式是水印差异化，即在不同用户打开同一个文档时，文档显示的水印通常是用户的 ID 或者用户名。明文水印使得水印可视，对文档的阅读效果有影响，若采用技术手段将水印去除，则文档泄密后无从溯源。因此需要全新的泄密溯源技术。

3.其他溯源手段无法满足溯源需求

长期以来，保密领域在涉密文件溯源跟踪方面投入了大量的人力、物力，诸如专用保密纸、电子标签、明文水印、条形码、矩阵码等技术都得到了一定程度的应用，但这些技术或由于成本较高，或由于破坏了纸介质为用户提供的视觉体验，或由于易于破解而规避溯源，都无法以低成本满足普遍性溯源需求。

4.6.2 总体框架

文档、发文隐写溯源解决方案针对文档泄露后溯源难、缺乏事件追责手段等问题，采用文档加密技术、隐写溯源技术、电子文档截图 / 录像溯源技术、屏幕防拍技术、电子文档流转管理跟踪技术等，形成"事前威慑、事中管控、事后溯源"的全业务流程文档安全管控闭环。针对电子文档制作、电子文档流转、电子文档打印及主动泄密溯源等场景，解决方案提供全业务流程的文档安全管控相关功能。以万里红解决方案为例，框架如图 4-6 所示。

1.事前威慑

在电子文档制作过程中添加和隐写信息，应用于电子文档本身在流转过程中的管理及电子文档打印、截图等的溯源，在屏幕终端添加防拍、隐写色块或警示信息，对不法分子起到警示和震慑作用。

2.事中管控

针对电子文档流转过程可能造成信息泄密的 3 个环节加以保护。

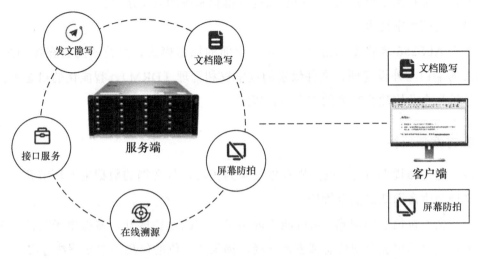

图 4-6　万里红解决方案框架

（1）针对终端屏幕拍照、电子文档截图等泄密途径，提供"字体级隐写 + 屏幕色块水印 + 明文水印" 3 层防护，不影响用户办公时的电子文档阅览。

（2）在电子文档流转过程中，根据隐写信息，可对文档的阅读、分发、打印等进行精准管控，使流转的电子文档携带可追溯到源头的隐写标记。

（3）将电子文档打印成纸质文档过程中，将纸质文档的阅读者信息加载到对应的纸质文档中，便于后续的全业务流程追踪和泄密后的溯源。

3. 事后溯源

针对电子文档截图、屏幕拍照，将电子文档打印成纸质文档，终端屏幕拍照、录像等主动泄密情况，通过技术手段实现对泄密源头精准追溯。

4.6.3　方案应用

1. 关键技术

（1）文档隐藏水印技术

针对电子文档截屏、屏幕拍照、信息系统的电子文档流转等场景，以人眼不可识别的方式嵌入发文信息、打印信息等内容，一旦发生泄密事件，可快速精准定位泄密方式和责任人。

（2）屏幕水印技术

使用终端浏览图片、图纸、视频时在屏幕上显示浅色块水印，当屏幕显示内容被截屏或拍摄后，安全标识信息随着图片或视频一起流转，在发生泄密事件后能快速追踪溯源，准确找到泄密源头，从而有效提升信息系统的安全水平。

（3）文档加密技术

采用 AES256 高强度加密算法，灵活全面的加密模式、严苛的防冒充控制技术、细粒度的端口与外设管理、文件级别的数字权利管理（DRM）、智能化的日志审计与报表分析为企业构建强有力的安全防护屏障。

2. 方案创新性

（1）全生命周期管理：以文档数据安全为核心，从文档的数据生产环节开始，覆盖了文档全生命周期的安全管控。

（2）全方位信息防泄露：从可能出现信息泄密的途径展开，覆盖电子文档、纸质文档流转全过程可能出现信息泄密的途径，提供全方位的信息防泄露解决方案。

（3）技术领先：隐写溯源技术、屏幕防拍技术等先进技术，为文档安全管理方案提供有力支撑。

（4）无感知管理：系统安装、使用无感知，既能达到不间断监管的效果，又不影响用户正常工作，兼容杀毒、进程防杀、防卸载，同时不影响用户现有的业务模式。

4.6.4 方案价值

本案例介绍的是万里红在纪检工作中的真实项目应用，用户信息已经过脱敏处理。

解决方案可有效解决目前信息化建设条件下面临的文档信息安全管理难题，提高单位员工保密、安全意识，对部分不法人员起到警示和威慑作用，降低潜在泄密人员的主观泄密意图，并建立长期有效的泄密追责机制，解决泄密后溯源困难的问题。

解决方案的确定为保密工作提供规范、便捷、高效的信息化管理支撑，对维护国家安全和社会稳定起到良好的作用。此外，本方案还适用其他对文档安全管理有要求的部门、行业等，如政府部门、统计部门、医疗行业、重点高校、制造业等。

4.7 高敏捷信创白盒在证券行业中的应用

4.7.1 用户需求

某证券行业用户在全国范围内拥有数十家子公司和分支机构，覆盖了北京、上海、广州等主要城市的经济中心地区，现为全牌照综合类券商，多项业务排名位居全国前列。

用户内部积极推动科技创新和数字化转型，寻求更安全、高效、可控的源代码安全管理方案。

1. 代码安全左移，检测流程自动化

代码安全检测流程滞后，安全团队在上线评估环节比较被动，在 DevOps 流程中，无法对开发编写的源代码进行安全扫描。系统建设过程中源代码和开源组件的安全性无法保证，而问题发生后再进行修改的成本远远大于在开发过程中及时修改的成本。

2. 由 DevOps 体系向 DevSecOps 体系转型

目前已初步完成 DevOps 体系的建设，在此基础上补齐代码安全检测等工具链形成 DevSecOps 体系。以往代码安全审计主要是在上线评估环节通过人工安全审计进行把关，现需把代码安全检测嵌入自动化流程中，支撑在本地开发环境、测试环境和预生产环境中执行自动化代码安全扫描检测，在上线评估环节建立安全门。由于在 DevOps 体系中，代码更新和版本上线较为频繁，代码安全检测需具备较高的检测速率和准确率，以确保不影响当前流水线效率。

3. 数字化转型，建设企业运营数字化综合管理平台

在企业内部开发过程中，企业的安全措施尚未形成完整的体系，代码安全缺乏规范化的管理制度，一些安全措施缺乏量化指标。为了应对业务数字化转型的挑战，企业需要寻求一套成熟稳定的方案，将开发安全转换为业务数字化转型、流程规范化的可持续运营管理，并建设运营数字化综合管理平台。

4. 适配信创环境

企业内部积极响应信创政策，操作系统、数据库及硬件设备均需自主可控，采购产品需适配企业内部的信创环境，产品本身需是自主研发、安全可控的国产软件应用。

4.7.2　总体框架

通过高敏捷信创白盒与基于该工具的实践落地方案相结合的方式进行开发安全流程建设。

（1）高敏捷信创白盒对接项目开发流水线和 DevOps 流程，借助高敏捷信创白盒实现检测流程自动化。

（2）在项目开发流程中设置安全质量门禁，在代码项目发布前需要通过源代码安全检测，检测结果达到门禁要求后才允许版本发布，将开发安全左移到开发测试阶段

进行管控，实现安全左移。

（3）高敏捷信创白盒接入 DevOps 环境，并在项目开发流程中设置安全质量门禁，凭借自身的高检测效率和高准确率，使项目开发安全融入 DevOps 流程时不影响流水线的正常运行且安全质量门禁具有较高的可信度，通过 AI 分析生成针对实际代码的缺陷成因解释和可直接应用于缺陷修复的代码，使用户能更好地理解和修复缺陷，缩短安全评审和缺陷修复阶段，从而提高项目交付的整体效率，实现 DevOps 体系向 DevSecOps 体系转型。

（4）高敏捷信创白盒支持缺陷闭环管理、代码项目和团队数据统计，使安全开发流程有迹可循，为代码缺陷情况和修复情况提供量化指标，实现安全开发的数字化转型，建设运营数字化综合管理平台。

（5）高敏捷信创白盒支持且适配企业内部的信创环境，产品本身完全自研、安全可控。

（6）重要应用系统上线前，需进行代码国产化率检测，降低软件供应链风险。

高敏捷信创白盒接入用户的各个开发流程，支撑本地开发环境、测试环境和预生产环境中的执行自动化代码安全扫描检测。

以海云安解决方案为例，其接入流程图如图 4-7 所示。

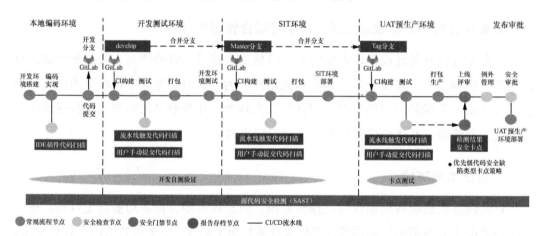

图 4-7　海云安解决方案接入流程图

通过 IDE（集成开发环境）插件对接用户开发环境和高敏捷信创白盒，使开发可以即测即改，开发测试环境、SIT（系统集成测试）环境及 UAT（用户验收测试）预生产环境在代码打包前进行代码扫描。安全团队制定统一的规范要求，在项目上线评审阶段设置安全质量门禁。开发人员对扫描到的代码缺陷进行修复，对于误报缺陷可进行标记，由安全团队进行二次审核。代码在项目上线评审前已经经过了多次检测、修复，在评审阶段只要达到门禁要求就可以发布版本，实现安全左移，使安全评审阶段变短，缩短交付周期。

对于安全质量门禁策略可优先使用风险等级较高、检测结果较准确的缺陷作为卡点项，后续持续运营过程中再逐渐增加卡点项。一方面可以为开发团队提供一个过渡期，避免卡点过严影响流水线正常运行。另一方面可以逐渐针对业务场景优化规则降低误报率，提高检测结果可信度。

高敏捷信创白盒支持对代码项目与开发团队进行关联，可根据检测记录统计代码项目及开发团队缺陷数、修复率等运营数据，并将这些运营数据作为量化指标。

4.7.3　方案应用

平台通过分布式引擎部署，在主服务器上部署管理平台和部分检测引擎，连通用户提供的国产数据库服务器。在从服务器上主要部署检测引擎，检测引擎与主服务器之间通过文件共享的方式获取检测对象和存储检测结果文件，使得检测引擎任意扩展且对主服务器没有任何影响。以海云安解决方案为例，其框架如图 4-8 所示。

图 4-8　海云安解决方案框架

1. 精准指向分析

通过优化 Point-to Analysis（指向分析）以更准确地识别类继承关系和变量实际类型，精准识别过滤函数和防护措施、适配函数式编程等方式，提高检测准确性，显著减少误报。

通过预置常见依赖信息、直接基于源代码检测及优化污点追踪算法等方式显著提高检测效率，绝大多数的检测可以在 10 分钟内完成。

2. 人工智能优化规则

采用机器学习引擎，通过学习用户的审计记录，计算检测规则的有效性的置信区间和置信度，自动冻结基于用户审计记录中误报率高的规则，更高效地降低误报率。结合大语言模型对检测结果进行误报判断，进一步降低误报率。

3. 人工智能修复缺陷

通过大语言模型对实际业务代码进行分析，生成有针对性的缺陷成因解释和可直接应用于缺陷修复的代码，帮助用户更好地理解和修复缺陷。

4.7.4　方案价值

本案例介绍的是海云安在证券行业中的真实项目，用户信息已经过脱敏处理。解决方案为用户带来了诸多有益的成效。

1. 工具链补齐

通过建设高敏捷信创白盒，基本完善应用系统从开发到上线各个环节的代码安全检测能力支撑，实现安全左移，为应用系统上线提供有效的安全保障。

2. 自动化提升

将高敏捷信创白盒和策略无缝对接集成到 DevOps 流水线中，实现自动化安全扫描检测。在存在 24 个并发进程的情况下，日均检测量在 2000 以上，94% 的检测任务用时不到 5 分钟。在关键节点进行安全卡点，有效减少人工参与协作的工作量，有效促进各团队之间的协作。

3. 运营化加强

通过优化策略、对漏洞缺陷进行优先级分类设置安全卡点，将重点缺陷类型误报率优化到 10% 以下，有效加强漏洞缺陷闭环修复管理能力。结合自动化工具的运行、实践进行安全开发持续赋能，有效提升相关人员的安全开发意识和能力。

4. 缺陷修复成本降低

AI 分析生成针对实际代码的缺陷成因解释和可直接应用于缺陷修复的代码，使用户能更好地理解和修复缺陷，有效减少缺陷修复时间。实现在软件研发阶段同步介入安全检查，在软件全生命周期中支持设置多个安全卡点，降低缺陷修复成本。

5. 适配信创环境

完全适配企业内部信创环境（鲲鹏硬件 +OpenEuler+GaussDB），保证能够稳定正常运行。

6. 降低软件供应链风险

在重要应用系统上线前，需进行代码国产化率检测，降低软件供应链风险。

4.8　攻击面收敛在电力行业中的应用

4.8.1　用户需求

随着新型电力系统、源网荷储一体化业务、电力物联网的建设步伐加快，网络安全风险也随之增加。从脆弱性的角度来看，各类数字化资产（物联网终端、数据服务、容器、API、微服务、移动应用）成倍增加带来的数字化资产暴露面、可被利用的脆弱性急剧增加。从威胁的角度来看，攻击实战中的攻击方呈现实战化、隐蔽化、专业化、攻击强度高等特点。脆弱性和威胁的变化给电力企业的安全风险管理带来巨大挑战。

某国网省公司使用攻击面管理（ASM）技术，以资产为核心，进行脆弱性识别、已有安全措施识别，对攻击面风险进行评估，并使用入侵与攻击模拟（BAS）技术持续进行风险验证，实现攻击面风险的持续管理。

4.8.2　总体框架

本方案采用 ASM 技术与 BAS 技术的理念，融合内、外部攻击面管理能力，构建一套实战对抗场景下的攻击面安全运营体系，实现"看见风险、持续验证、常态运营"的建设目标。以华云安解决方案为例，其框架如图 4-9 所示。

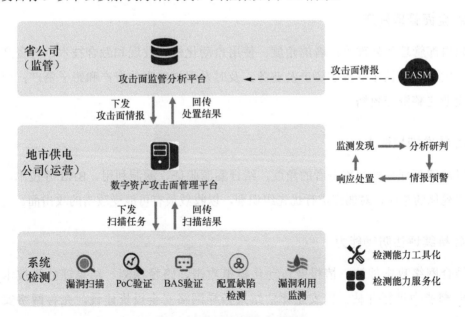

图 4-9　华云安解决方案框架

在省公司信息内网中部署一套攻击面监管分析平台，对省公司信息内网及下属地市供电公司信息内网的攻击面进行统一监管。

在互联网侧部署一套外部攻击面管理（EASM）平台，全面检测省公司在互联网侧的攻击面，将攻击面情报传输至省公司信息内网中的攻击面监管分析平台联动攻击面收敛。

在省公司下属的各地市供电公司信息内网中分别部署一套数字资产攻击面管理平台，对本公司数字资产的攻击面进行收敛，依托省公司赋能的攻击面情报及各类检测能力，实现攻击面安全运营。

在各地市供电公司信息内网中部署漏洞扫描系统、漏洞自动化验证系统、智能化渗透与安全有效性验证系统等多种安全检测工具，全面检测内网攻击面，将检测数据上报数字资产攻击面管理平台。

4.8.3 方案应用

1. 多维度互联网攻击面情报赋能

以攻击者的视角，采用"主动＋被动＋服务"的模式，协助用户快速收集暴露在互联网上的信息资产风险信息，如数字业务、敏感数据、关联业务等，形成具有即时性、可定位性、可追溯性等特点的攻击面情报数字资源，持续赋能并驱动安全运营决策。

2. 全面管理资产

以内部管理和外部攻击者的角度，使用自动化资产发现和融合技术，对资产进行梳理，发现并监控企业数字资产及业务，及时发现被遗忘的资产和影子资产，全方位感知企业完整资产数据。

3. 精准把控弱点

以内部管理和外部攻击者的角度，结合漏洞验证、漏洞利用、BAS 等技术，解决弱点可视化的难题，对弱点进行优先级识别，以收敛最有可能受攻击的攻击面。

4. 持续评估防御能力

结合网络攻击战法、情报及自动化模拟攻击、路径探测、结果评估等技术，对安全防御能力进行评估，以安全评估结果指导网络安全投资建设，完善网络安全防御体系。

4.8.4　方案价值

本案例介绍的是华云安在电力行业中的真实项目，用户信息已经过脱敏处理。解决方案为用户带来了诸多有益的成效。

（1）使企业从内部管理和外部攻击者的角度，帮助安全和风险管理（SRM）团队识别潜在的攻击路径，并指导开展安全控制措施的改进和调整，提高整体安全防御水平。

（2）资产纳管率提升 60%，弱点评价方式增加 3 种，攻击面风险评价准确率提升 40%，攻击面处置流转由线下转为线上，效率提升 30%。

（3）安全防御策略有效性提升 50% 以上，安全设备防御能力提升 90% 以上。

（4）为企业提供攻防实战演练及重大保障活动的安全防御有效性检验，将演习成果固定化、深度防御常态化。

4.9　数字风险优先级在金融行业中的应用

4.9.1　用户需求

1. 背景介绍

金融行业是我国数字经济发展不可或缺的重要组成部分，银行作为金融行业中重要的网络运营单位，面临的网络安全挑战也越来越大。

随着业务高速发展，该银行客户已经实现了全省地级市网点的全覆盖，同时向互联网侧提供的业务服务范围也逐步扩大，导致整体暴露面增加、风险加剧，为企业带来了极大的安全隐患。

该客户的整个组织由于存在较多的安全盲点，容易成为攻击者的入侵对象，因此期望开展全面的互联网信息系统底数清查和摸排工作，建立互联网信息系统资产档案。形成重要的互联网信息系统资产常态化检查机制，满足重要信息系统资产安全风险日常监控、专项安全检查、安全事件应急处置等场景要求。

2. 需求分析

该客户由于拥有多家营业网点，网络与数据比较分散，因此难以统一管理。同时由于该客户之前专注于功能上线与业务拓展，安全防御体系建设相对落后，最大的问题是无法完全掌控包括资产风险暴露面在内的 IT 风险暴露面情况。

随着业务的高速发展，在客户业务层面遇到的风险也越来越大，很多已经撤销的业务的对外服务连接可能依然存在，这给企业带来了巨大的安全隐患。同时客户业务系统众多、资产数量庞大，需要从业务系统入手，全面梳理业务侧的风险暴露面。

未来，企业还面临着服务转型，因此人员会成为越来越重要的风险要素，需要提前从人员的维度来规划和实施整个企业的组织侧安全风险管控能力建设。

3. 应对思路

首先，在数字经济框架下，银行客户面临的风险已经不再是传统 IT 层面的风险，而是基于 IT 侧向业务侧和组织侧延伸所存在的风险，因此安全建设要从威胁驱动转向风险驱动。其次，国家相关安全法律法规也从传统的以过程管理为基础的"网络安全等级保护合规约束"转向以目标管理为基础的"关键信息基础设施合规约束"，合规的内涵已经发生了质的改变，因此安全防御体系建设的合规部分也要从面向过程转向面向效果。银行又是国家重要的基础设施，承担着服务国计民生的重要责任，因此安全防御体系的建设需要从企业实际情况和企业架构出发并进行通盘考虑。

本方案从银行整体安全需求的角度出发，以效果驱动为核心理念，以情报为核心要素，通过基于 DNS 的数据挖掘、网络空间测绘、无感知半连接技术，从外部攻击者的视角对客户业务的攻击面进行持续性监测、分析研判，对暴露在互联网中的服务、端口、组件、漏洞等进行纵深探测，对发现的风险漏洞资产进行可攻击利用验证，并同时进行风险优先级排序，从攻击者的视角梳理客户资产并收敛攻击面，并且提供建议方案、采取措施应对威胁和降低风险，从而为客户构建一个有效的全域数字风险治理体系。

4.9.2　总体框架

云科安信全域数字风险治理体系框架如图 4-10 所示。

在数字经济的框架下，整个方案分别从 IT 侧风险、业务侧风险、组织侧风险 3 个维度对企业全组织风险进行描述，分别从攻击者识别、外部数字风险测绘、资产漏洞发现、业务风险防御、组织风险管控 5 个维度构建企业的全域数字风险治理体系。

对银行客户来说，风险有外部数字风险、资产漏洞、业务风险与组织风险。因此，整个全域数字风险治理体系要能够涵盖上述风险。

从攻击者识别的维度来看，整个网络空间中会存在国家黑客、网络罪犯、激进黑客、恐怖组织、猎奇黑客、内部威胁等多种攻击对象，因此要求银行企业需要具备攻击者识别能力。

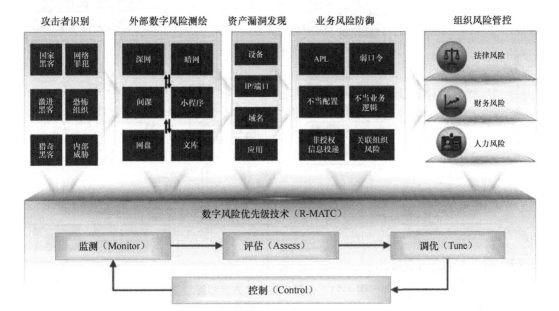

图 4-10 云科安信全域数字风险治理体系框架

从外部数字风险测绘的维度来看，会面临着通过深网（DeepNet）、暗网（DarkNet）、间谍（Spy）、小程序、网盘、文库等进行攻击的新兴的网络风险，因此要求银行客户需要具备数字风险测绘能力。

从资产漏洞发现的维度来看，会面临着设备、IP/ 端口、域名、应用等资产的漏洞利用问题，通过漏洞利用则会产生资产被控制、被破坏，数据被泄露等风险，因此银行客户需要具备资产漏洞发现能力。

从业务风险防御的维度来看，会面临着 API、弱口令、不当配置、不当业务逻辑、非授权信息投递、关联组织风险等业务侧的风险，而传统的应用防御能力明显无法应对这些高级攻击，因此需要银行客户具备高级业务风险防御能力。

从组织风险管控的维度看，信息化的风险、业务风险会导致企业面临人力风险、财务风险、法律风险等组织风险场景，因此要求银行客户具备组织风险管控能力。

而数字风险优先级技术则是在上述每个环节中，通过监测、评估、调优、控制等流程手段，形成风险管控的自闭环处置，从而能够为银行客户构建一个全面的全域数字风险治理体系。

4.9.3 方案应用

云科安信解决方案部署如图 4-11 所示。

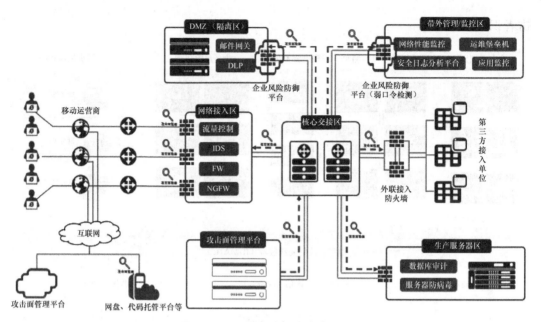

图 4-11　云科安信解决方案部署

解决方案通过攻、防两大平台全面覆盖攻击者识别、外部数字风险测绘、资产漏洞发现、业务风险防御、组织风险管控五大安全能力建设，全面抵御客户的全域数字风险。

根据客户业务需要，分别在互联网入口和企业内部网络部署攻击面管理平台，从外部、内部两个方面分别对客户的暴露面进行全面摸底。同时根据暴露面摸底结果提供风险的进一步治理方案，并在 DMZ 和带外管理区中分别部署企业风险防御平台，实现"以攻促防"、实时防御，避免客户整体安全水平差异或整体数字风险治理节奏不一致导致风险可知不可控。

4.9.4　方案价值

本案例介绍的是云科安信在金融行业中的真实项目，用户信息已经过脱敏处理。

从客户的实际需求出发，兼顾企业架构的 IT 层面、业务层面与组织层面的全域数字风险，并采用了数字风险优先级技术，从攻击者视角提前一步发现资产风险脆弱点，为企业单位安全防护工作赋能。同时利用影子资产挖掘和情报收集能力，协助客户梳理影子资产，提升未知资产风险可控性。另外，情报数据下沉本地，构建私有化情报中心，实现检测能力的提升和情报信息的共享整合，达到了风险可知、可管、可控的实际效果。

4.10 安全托管服务在教育行业中的应用

4.10.1 用户需求

随着高校信息化建设的深入推进，学校在招生、教学、办公、科研等方面进行信息化的同时，面临的信息安全管理挑战也更加严峻。特别是《中华人民共和国网络安全法》《教育信息化 2.0 行动计划》等法律法规和计划实施以来，教育行业面临的信息安全合规和监管压力逐步增大，特别是高校，存在以下安全痛点。

（1）安全监管压力大。对外网站、业务安全问题多，经常被公安、网信、教育等部门通报。各主管部门持续保持整治虚拟货币"挖矿"的高压态势。

（2）面临诸多网络威胁与攻击。教育机构经常成为黑客和恶意软件的攻击目标。网络攻击可能导致教育系统的瘫痪、数据被篡改或遭受勒索软件攻击等，影响日常信息化教学和办公工作的开展。

（3）汇报难、安全考核排名不高。高校定期需要进行网络安全工作汇报，由于缺乏数据和信息系统，高校年度安全考核排名不高，影响组织绩效。

（4）缺少常态化考核、整改流程和专业安全人员。在新资产上线时，缺乏由安全检查、风险自查、漏洞整改、风险上报、安全考核等环节构成的常态化考核、整改流程和支撑平台。信息中心需要定期汇报网络安全工作，缺少数据、报表，难以体现自身工作价值。还面临"缺人"的困境，往往一位老师身兼多职，而网络安全工作耗时耗力，所以更需要专业安全人员。

网络安全实际上是海量攻击手法和海量防御手法之间的较量。这意味要想拥有多种防御手法，就必须了解攻击的各个阶段，并根据各个攻击阶段评估下一攻击阶段的攻击手法，制定防御措施。这就对单位的安全人员提出了较高技术要求，既要了解攻击手法，又要精通防御手段，以及具有出色的安全数据分析能力和高执行力。

4.10.2 总体框架

在用户侧部署边缘安全大脑探针体系，实现对用户办公网络的实时监测，依托对全网大数据、规范化和专业化的安全专家团队，以及标准化服务流程和统一运营平台进行深度融合，设计出主打"多对一"的管家式安全运营服务，实现用户网络常态化 7×24 小时全天候、全方位威胁监测，帮助用户"摸清资产、感知风险、洞见威胁、处置攻击、提升能力"，实现整体持续安全运营。

360 数字安全解决方案框架如图 4-12 所示。

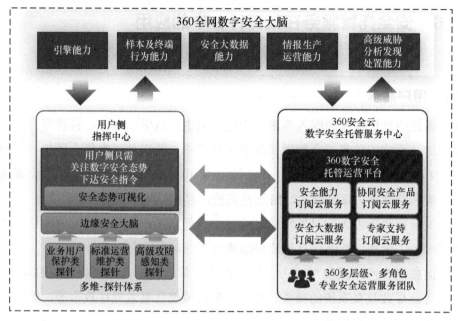

图 4-12　360 数字安全解决方案框架

数字安全解决方案框架包括以下五大元素。

1. 全网能力

数字安全解决方案汇聚了核心情报数据、丰富的恶意样本数据，为整个数字安全托管运营平台和服务提供云端查杀、攻击者情报收集、安全漏洞库构建、云端高级安全专家在线服务、恶意样本查杀、大网测绘、Web 安全监测与防护，数据泄露监测等能力，提升整个数字安全托管运营服务过程"看见""溯源"安全威胁与攻击的能力。

2. 轻量探针

在用户侧部署边缘安全大脑探针体系，实现威胁数据的实时监测和分析。

3. 云化平台

将部署在用户侧的边缘安全大脑接入安全云，真正地实现了云化服务。

4. 托管服务

数字安全托管服务中心由统一的运营协作平台、标准化的运营流程、实战经验丰富的专家运营团队形成的。

5. 专业团队

在实际的运营过程中，由多层级运营专家团队根据用户选购的 SaaS 化服务场景，通过连接一切统一运营协作平台，按照标准化的运营流程，为用户提供 7×24 小时全天候威胁监测研判、威胁预警、事件管理、运营分析等专业高效的安全运营服务。

4.10.3　方案应用

在用户侧的 DMZ（隔离区）中部署边缘安全大脑，通过镜像流程的方式，将用户侧互联网、办公网络、业务网流量传输到边缘安全大脑探针体系中。360 数字安全托管运营服务部署架构如图 4-13 所示。

图 4-13　360 数字安全托管运营服务部署架构

边缘安全大脑是"四合一"软硬件一体的安全设备，部署在用户侧进行资产漏洞发现、威胁监测、安全分析、终端管理，并将告警或告警统计数据上传至云端数字安全托管运营服务中心，是数字安全托管运营服务的重要组件。

4.10.4　方案价值

本案例介绍的是 360 数字安全在教育行业中的真实项目，用户信息已经过脱敏处理。解决方案为用户带来了诸多有益的成效。

1. 让用户省钱、省心，解决了缺乏专业安全人员的问题，有效应对监管单位通报

数字安全托管运营服务中心通过云端专业专家 7×24 小时主动进行安全运营，让用户摆脱被动式应急响应的工作状态，安全运营工作常态化和标准化，让用户聚焦校

园核心业务、工作，有效地应对了被监管通报的被动局面。

2. 全面链接、一体化协作、威胁实时检测和响应

得益于全面链接、灵活流量控制及强大框架的统一运营协作创新平台，数字安全托管运营服务可快速连接人和业务系统、组织和业务系统、业务和业务系统，按需随时打通人、组织、系统、应用、设备、数据元，实现运营过程可追溯、运营成果可视化，提升协同办公效率。

3. 安全部署更轻量化

通过轻量化的边缘安全大脑探针体系，可以实现用户网络流量的快速对接，在不影响用户的业务情况下实现网络流量的轻量化接入。

4. 对效果负责，识别威胁更精准

有效应对威胁与攻击，保障了日常信息化教学和办公安全、稳定开展。

数字安全托管运营服务具有全网安全大数据及业界领先的安全智能大模型，可通过云端服务体系及安全协同处置平台对各类型网络攻击行为进行监测、分析、响应，监测结果更加全面、精准。

5. 按需订阅，服务模式更灵活，多元化展示运营效果，为汇报工作提供了数据和素材支撑

数字安全托管运营服务可提供服务项目菜单供用户选择，用户可结合实际的数字安全业务需求，灵活扩展订阅，享受快捷、专业的安全运营服务。让数字安全托管运营服务"所见即所得"，真正为效果买单。

4.11 安徽省大数据局政务一体化平台项目

4.11.1 用户需求

近年来，安徽省大力支持数字基础设施的优化升级、数据要素的创新开发利用，着力打造高质量发展的数字引擎，加快推进"数字安徽"建设。安徽省大数据局负责"数字安徽"建设，整合升级各类独立分散的信息系统，形成统一开放的数字资源体系，推动实现全省政务数据、组件、应用等数字资源的"一本账"式管理，以及数字基础设施

共建共用、数据资源汇聚共享、业务应用高效协同，为政府管理和公共服务提供有力支撑。

安徽省大数据局依托政务一体化平台集成"云、网、数、用、安"资源和共性能力，以数据工程推动数据高效治理、高效利用。利用三端（产品端、用户端、服务端）能力提升工程搭建"千人千面"服务体系和应用快速开发体系，推行"皖事通""皖企通"前端受理、"皖政通"后端办理的"前店后厂"模式，采用"赛马"机制加快推进场景创新工程建设，推动一批便民利企、高频好用、多跨协同的场景加快落实。

由于各委办局自建众多信息系统，彼此间数据异构、数据标准不统一，数据壁垒、"数据孤岛"问题严峻，导致跨部门数据汇集和共享困难。安徽省大数据局把数据工程作为政务一体化平台建设的核心支撑，而通过部署数据感知能力，大力推动数据工程的建设，攻坚克难，从根本上解决政务数据的痛点——"数据孤岛"问题。

安徽省大数据局按照全省统一数据架构开展数据汇聚、数据标准化、数据质量提升、数据指标设计、数据服务开发等治理工作，数据工程应用对接数据感知能力，在源头上有效解决数据多头汇聚、重复采集、标准不一、可用性差等问题。

4.11.2 总体框架

随着《中华人民共和国网络安全法》《中华人民共和国数据安全法》《中华人民共和国个人信息保护法》《中共中央 国务院关于构建数据基础制度更好发挥数据要素作用的意见》等法律法规、政策颁布实施，要求数据的处理者明确数据安全负责人和管理机构，落实数据安全保护责任。政务一体化平台的建设不断深入，信息化水平不断提升，产生的数据种类、数据量也呈现爆炸式增长，如果前期没做好数据安全治理方面的规划，则后期维护成本会更高。

数据感知能力能够更有效地提取数据价值，持续提供精准的数据服务，在提升运营能力的同时，实现数据资产的精细化管理，这将会成为政务业务系统优化的发力点或突破点。为了促进数据要素依法、安全、有序地流通与交易，减少数据安全风险，厘清数据资产，构建数据安全保障体系，确保根据数据的重要性和敏感度，按照数据安全策略采取适当、合理的管理手段和安全防护措施，从而减少数据被篡改、破坏、泄露、丢失或非法利用的可能。图 4-14 所示的霍因科技解决方案框架就是根据这样的思想所构建的。

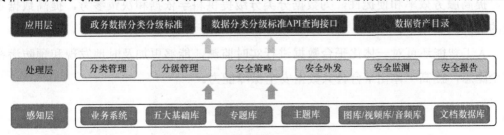

图 4-14　霍因科技解决方案框架

1. 安全智能的数据底座

安全智能的数据底座是通过机器学习的方式，实现数据自动分类分级，完成数据安全治理工作从"主动治理"到"自动治理"的过渡。同时通过数据底座适配一体化平台的复杂数据环境，打通基础支撑系统、内部运行管理系统等的业务数据，具有对跨部门、跨区域及跨境的实时数据的安全治理能力，实现数据全域、全生命周期安全流转，保障公共数据内生安全。

数据底座针对一体化平台全量、多模态数据提供数据识别、数据加工清洗、数据分类分级、元数据管理、数据存储及数据安全管理等一体化服务，并将数据安全外发至各业务场景中进行应用，解决公共数据"不可见""不可用""分散存储""安全性差"等痛点。霍因科技一体化数据底座如图4-15所示。

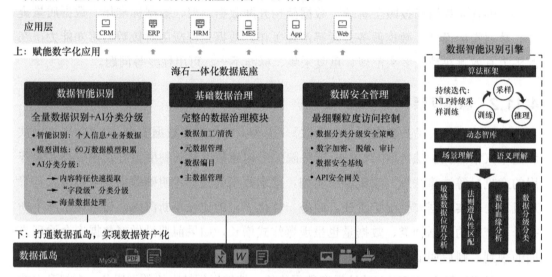

图4-15 霍因科技一体化数据底座

2. 人工智能引擎和大数据模型

人工智能模型基于少量数据样本进行训练，可自动识别和处理数据分类分级流程中的重复和烦琐任务，实现自动化流程处理，进而提高工作效率，有助于减少人力成本，提高服务效率和便捷性，为数据分类分级提供科学依据和决策参考，提高数据定级的准确性和效率。

人工智能还可对一体化平台数据进行实时监测，能够更加及时地发现和预防潜在安全隐患，提高一体化平台公共数据安全保障能力。

4.11.3　方案应用

图 4-16 所示的霍因科技数据感知平台，采用湖仓一体的数据底座，结合治理平台和安全技术构建的应用生态，实现全场景赋能，对于全域全量公共数据，通过人工智能技术的处理和分析，进行智能化的推理和决策，感知公共数据的分类维度和敏感度，实现自动化处理，对数据分类分级安全策略等进行智能化管理和优化，从而实现更加精准和高效的数据分类分级打标服务。

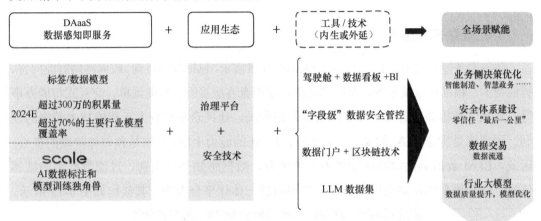

图 4-16　霍因科技数据感知平台

数据感知平台具备以下四大功能。

1. 辅助政务决策

数据感知平台基于数据分类分级构建数据资产标签体系，数据资产更易于定位和检索，可通过多维度数据分析、实时数据监控、可视化数据展示和提升决策效率和智能化水平等功能，围绕数据安全制度体系、安全技术体系和安全运营体系三大体系，着力构建以一体化监督指挥体系为核心的数据监管模式，形成多级政务单位协同联动机制，提供"驾驶舱 + 数据看板 +BI"辅助政务决策。

2. "字段级"数据安全管控

数据感知平台针对内部不同安全级别的人员和外部第三方人员，根据数据分类分级的策略，采取不同的安全管控措施。运用敏感数据感知技术，进行语义推理和语义分析，根据字符上下文语句信息并结合语义知识库，自动识别个人敏感信息和重要数据，针对敏感数据进行加解密和脱敏处理，管控颗粒度可达到"字段级"。对所有数据进行操作记录和溯源，有效保障一体化平台数据安全。

3."数据门户＋区块链"技术应用

数据要素的创新开发利用，离不开数据共享使用。数据感知平台的数据门户将需要外发的数据脱敏后，打包成区块，盖上时间戳，形成一条链（区块链），这条链是可溯源且易篡改的，通过数据共享在链上传递数据，由于链上数据受保护，需要权限才可以访问，有利于盘活数据要素流通和应用市场，数据要素能更好地在数据要素市场中共享、流通、交易。

4.LLM数据集应用

政务服务涉及民生，可产生大量的大模型场景需求，包括政务咨询、政府网站智能问答、智能搜索、精准化政策服务、市民热线由智能语音客服接听、智能派单、交互式智能办事等，将极大地提高政务服务效率，实现便民利民，让民众享受到人工智能技术带来的便利。预训练是构建LLM的第一步，决定了LLM的能力上限，数据是预训练阶段的核心，因此，LLM数据集的数据感知能力非常重要，数据感知平台识别、过滤数据集的敏感信息，引导模型的正向应用能力。以霍因科技一体化平台为例，其架构如图4-17所示。

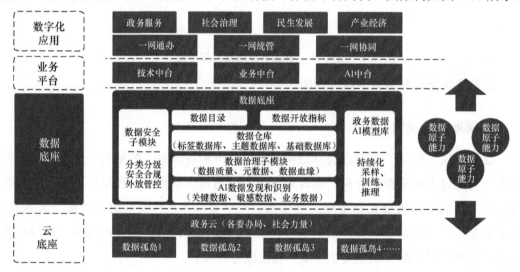

图4-17 霍因科技一体化平台架构

4.11.4 方案价值

本案例介绍的是霍因科技与安徽省大数据局合作的真实项目，用户信息已经过脱敏处理。

各地政务一体化平台正朝着强化统筹协同、发挥集成效应、以数字政府建设赋能政府治理的方向积极建设，数据感知一体化平台确保政务数据"可用、易用、好用"，快速构建协同高效的数据安全保障体系，运营感知智能化，辅助决策，提升运营精细化水平、联动水平、智慧水平，推动数据安全监测智能化，提升对个人敏感信息和重要数据的监测能力及预警预报水平。整合汇聚数据，加强数据分析应用，推动社会治理精准化，以数字化赋能业务。

第 5 章

中国数字
安全产业概况

2020 年至 2022 年，是全球动荡变化的 3 年，当今世界正经历百年未有之大变局，具体到仅有 30 年历程的安全产业，如今也面临着前所未有的挑战和机遇，广大安全企业面临着生存与发展，创新与营利的多重难题。

但危机与机遇并存，数字化趋势已是全球共识，数字经济已是所有经济体的发展目标。因此，网络安全正在从以国家安全、公共安全为主的范式转换到国家安全保障和数字经济护航并重的数字安全。

在万物互联的数字世界里，数字安全是国家安全和数字经济的基础支撑，而摸清资产、厘清现状，以判断趋势和辅助决策，是助推数字安全产业健康良性发展的前提。在本章的内容里，数世咨询基于连续多年积累的产业调研能力和经验，从市场、企业、人员、资本等维度对数字安全产业整体情况进行梳理和阐述，以客观地反映我国数字安全产业的真实现状，为读者提供有价值的参考。

⑤.1 数字安全·市场

5.1.1 市场规模

在本书第 1 章中，划分了计算机安全（1990—2002 年）、信息安全（2003—2013 年）、网络安全（2014—2022 年）和数字安全 4 个时代。在计算机安全时代和信息安全时代的 20 多年时间里，信息安全市场规模仅仅超过 100 亿元。但自从 2014 年"没有网络安全就没有国家安全"的最高指导思想提出后，从 2015 年开始到 2023 年，在这 8 年时间里，数字安全市场规模高速增长到了 981.2 亿元，年均增长率超过 20%。

如图 5-1 所示，根据 2017—2027 年国内数字安全市场规模和预测可以看出，在 2021 年，增长率明显下滑。在 2020—2022 年，国内数字安全市场规模的变化为"先扬后抑"。从 2020 年的 29.9% 的增长率历史最高点，下滑到 2021 年的 18.7%，再到 2022 年的 7.14%，成为 2014 年以来的增长率历史最低点。需要业界尤为警惕的是，7.14% 的市场规模增长率实际上完全来自集成业务，而安全产品和服务的市场规模增长率则首次出现 -1.87% 的负增长。在全球经济疲软的大背景下，以 2022 年底数字安全需求方的预算规划和 2023 年上半年预算的实际执行情况来看，2023 年的市场形势十分严峻，大概率继续维持个位数的增长率。

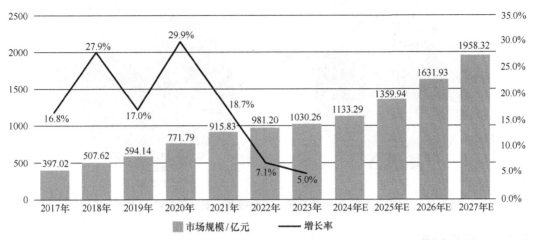

图 5-1　2017—2027 年国内数字安全市场规模和预测

5.1.2　业务分类

国内外调研机构一般将数字安全产品收入划分为硬件收入和软件收入。这种划分习惯来源于生搬硬套传统信息产业的收入划分方法，并不适用于以生产软件和提供服务为主的数字安全厂商。数世咨询于 2020 年将数字安全业务分为三大类：一是软硬件、设备及 SaaS 订阅收入，即安全产品收入；二是以人天计费的安全服务收入；三是安全集成收入。

如图 5-2 所示，从 2019—2022 年安全产品收入、安全服务收入、安全集成收入占比中可以看出，安全服务占比 2022 年较 2021 年略有上升，安全产品收入 2022 年较 2021 年占比下降，安全集成业务连续 3 年呈快速上升态势。安全集成业务占比的提升，有两大主因，具体如下：一是多元化，大型安全企业、云服务商和软硬件科技企业均不同程度地在发展集成业务，以扩大营收规模；二是数科化，大型国有集团纷纷成立科技三产公司，或改组、合并原有组织架构，以获取更大的竞争优势。

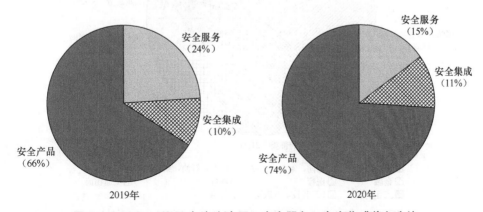

图 5-2　2019—2022 年安全产品、安全服务、安全集成收入占比

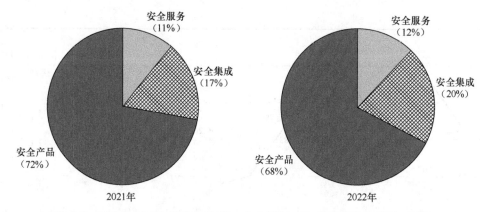

图 5-2   2019—2022 年安全产品、安全服务、安全集成收入占比（续）

5.1.3   客户分布

数字安全产业的核心客户群依然来自政府部委、国防公安、金融、运营商和能源这五大领域。

从国内数字安全产业客户行业分布（2022 年）如图 5-3 所示，2022 年政府部委（不含国防部、公安部）在客户行业中的占比明显下降，但国防、军工、公安等涉及国家与社会安全的特殊行业，以及事关国计民生的工业制造、医疗、ICT 科技和互联网领域等领域，占比均略有上升。此外，由于安全具有国家、社会、政治等公共属性，因此合规始终是数字安全产业的基本驱动力。但随着全球的数字化进程，数字经济发展带来的应用场景需求将会成为数字安全产业的第二大驱动力。

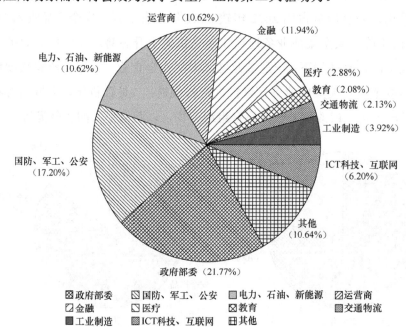

图 5-3   国内数字安全产业客户行业分布情况（2022 年）

5.1.4   城市分布

如图 5-4 所示，按 2022 年数字安全企业总部所在城市的企业营收排序，超过 20 亿元的有 9 座城市，分别为北京、深圳、杭州、成都、上海、南京、汕头、苏州、济南。从各城市的数字安全企业收入在城市 GDP 中的所占比例来看，除北京、深圳和杭州 3 座城市以外，其他 6 座城市均有很大的提升空间，尤以上海为甚。

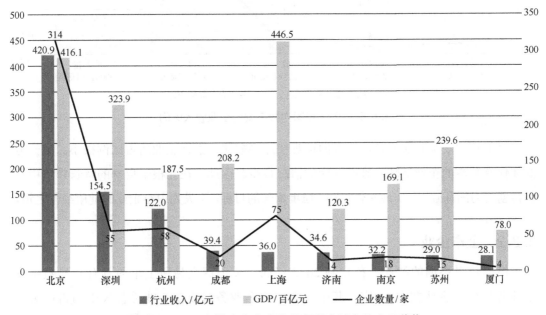

图 5-4   2022 年数字安全企业总部所在城市的企业营收

5.2   数字安全·企业

5.2.1   收入水平

如图 5-5 所示，依据数世咨询对 2022 年国内数字安全企业收入的统计，在 350 家统计对象中，有 11 家企业收入在 20 亿元以上，占比为 37.5%；8 家企业收入在 10 亿元以上，占比为 12.6%；18 家企业收入在 5 亿～ 10 亿元，占比为 12.9%；133 家企业收入在 1 亿～ 5 亿元，占比为 29.6%；180 家企业收入不足 1 亿元，占比为 7.1%。

与 2021 年的统计结果相比，数字安全企业的年收入水平几乎无变化。数字安全技术属于企业的服务范畴，碎片化的格局是常态。数世咨询在 2020 年提出"没有寡头，只有诸侯"的市场判断，这种情况也与全球数字安全市场的格局相似，未来还将长期保持下去。

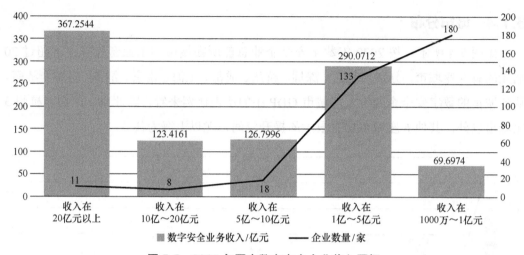

图 5-5　2022 年国内数字安全企业收入区间

对于数字安全企业而言，一方面很难快速规模化，上市企业所占比例很小。另一方面能保持基本的企业运转，破产倒闭的情况很少。因此，在扎根于自身的特长领域中和保持创新力的基础上，实现良性循环、稳步增长的目标，不失为中小企业的健康经营之道。

5.2.2　上市企业

根据数世咨询的统计，截止到 2022 年底，在沪深交易所上市的具有明显数字安全业务属性的企业共有 51 家。其中，数字安全业务营收在企业总营收中的占比大于等于 50% 或者营收绝对值超过 5 亿元的企业共有 32 家，在新三板挂牌的公司有 38 家。

另据 2023 年 5 月数世咨询发布的《2022 中国数字安全上市企业航线图》的统计，自数世咨询 2014 年开始产业统计工作以来，于沪深交易所上市的数字安全企业净利润总和首次出现亏损，且亏损总额接近 17 亿元。

2020—2022 年上市数字安全企业 3 项指标如图 5-6 所示。

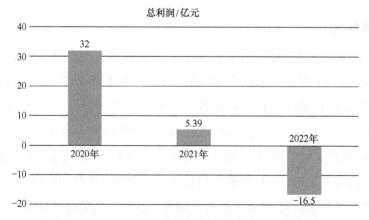

图 5-6　2020—2022 年上市数字安全企业 3 项指标

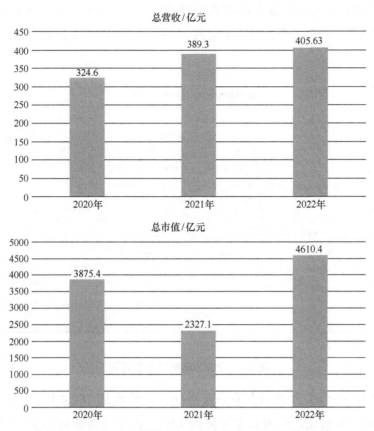

图 5-6　2020—2022 年上市数字安全企业 3 项指标（续）

在这些上市企业中，沪深两市的企业以产品销售为重，而新三板企业是服务与集成并重，而仅有安全业务属性的非安全公司，则是集成和产品并重。值得关注的是，在营收几乎无增长且亏损总额接近 17 亿元的情况下，研发投入依旧有较高增长，除了部分企业因为有平衡财务指标的需要外，还意味着安全上市企业对未来的市场较有信心。

5.2.3　数字安全百强

《中国数字安全百强报告（2023）》（以下简称"数字安全百强报告"）是数世咨询基于国内 750 余家经营数字安全业务的企业，结合对多种角度、不同维度的企业相关数据的梳理，对这些企业进行评价。报告分为两大部分，一是综合实力较为突出的 100 家企业，从品牌影响力和企业规模两大维度，以数轴点阵图的形式予以展现。二是 100 家专精特新企业的推荐，目的在于突出业务规模目前较小，但在创新能力方面表现优秀的企业。

如图 5-7 所示，数字安全百强报告分为三大区间，领军力量、中坚力量和潜在力量。其中领军力量企业的入围门槛为营收达到 10 亿元，共 19 家。中坚力量企业共 48 家，总营收约为 220.71 亿元。潜在力量企业共 33 家，总营收约为 68.02 亿元。

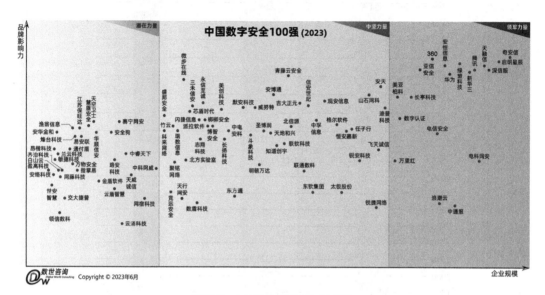

图 5-7　2023 年数字安全百强

2022 年度，综合实力百强企业的安全业务总营收达 769.4 亿元，较上年度增长 4.07%。与 2021 年相比，年增长率下降约 12%。在专精特新百强企业中，开发与应用安全、威胁检测与响应、工业互联网安全、安全运营、数据安全、API 安全、数字靶场为七大热点赛道。

在数字安全百强企业报告中，营收在 10 亿元以上的区域中企业数量的减少，反映出数字安全企业扩大规模的艰难。经营状况良好、规模大，并且创新力强的"三合一"型数字安全企业在国内始终未能出现。数字安全产业的本质是提供企业级服务，只要是普及性的服务就一定是碎片化的。因此数世咨询认为，在自身擅长的领域中深耕，合理调配现有资源，以实现"滚雪球"式的稳健增长，才是企业级服务市场的发展正道。

5.2.4　从业人员

如图 5-8 所示，2022 年数字安全从业人员约为 14.61 万人，其中技术人员约占 70.0%，从业人员数量较 2021 年增长约 5.9%。

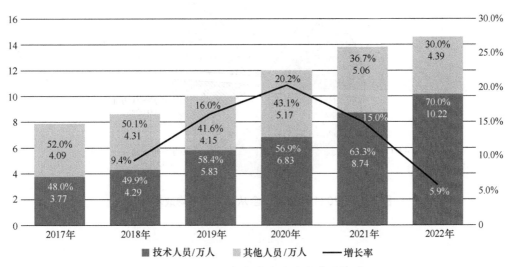

图 5-8　2022 年数字安全从业人员构成

2022 年，数字安全从业人员增长率为 6.6%，相比去年下降 9.1%，主要为非技术人员的减员。数字安全从业人员的人均产值约为 53.86 万元，但人均净利润为负值。而 2023 年整个产业的研发投入大幅度缩减。

此外，如图 5-9 和图 5-10 所示，数字安全从业人员平均成本在 20 万～ 30 万元的占比为 60%，人均薪酬在 20 万元以下的占比为 24%。与 2021 年相比，前者增长了10%，后者则下降了 10%。可以看出，数字安全从业人员平均成本（薪资水平）明显上升。

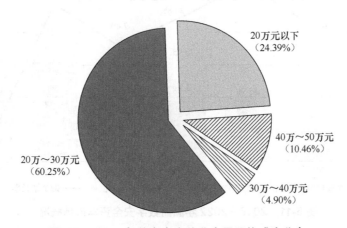

图 5-9　2022 年数字安全从业人员平均成本分布

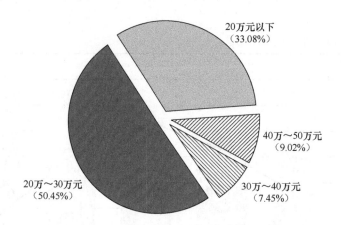

图 5-10　2021 年数字安全从业人员平均成本分布

5.3　数字安全·资本

国内的数字安全资本市场收入，在 2015 年之后连年迅速增加，并于 2021 年达到顶峰，股权融资总额超过 150 亿元，融资笔数为 180 余次。但在 2022 年急剧下滑，股权融资总额约为 70 亿元，与 2021 年相比下降 58.9%。融资笔数接近百余次，与 2021 年相比下降 45%。2016—2022 年国内数字安全资本市场概况如图 5-11 所示。

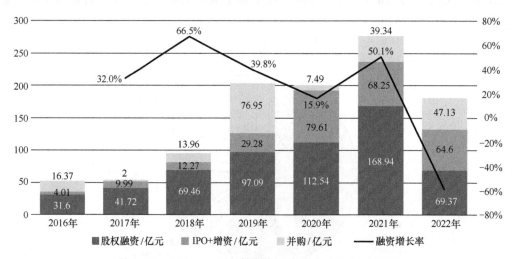

图 5-11　2016—2022 年国内数字安全资本市场概况

在融资热点方面，与 2021 年相比有了一些变化。隐私计算、安全运营和身份安全暂时退出，攻击面管理、车联网安全跻身，而云原生安全开始与业务安全（API 安全）相结合。2022 年国内数字安全行业融资金额排名前 10 的安全领域相关情况如图 5-12 所示。

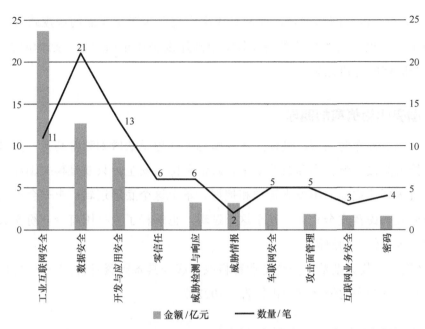

图 5-12　2022 年国内数字安全行业融资金额排名前 10 的安全领域

2022 年融资市场收入大幅度下滑的原因，除了 3 年国际争端及全球经济疲软的大背景等，数字安全企业的规模扩张和净利润增长始终处于困境，投资回报率普遍偏低，因此投资界对整个产业的良好预期缺乏信心。

数字安全产业面向的是企业 / 机构级服务市场，尤其是在国内，与消费级服务相比，存在成长周期较长、市场十分碎片化、销售成本极高、定制化项目过多等困难，扩大规模几乎只能依赖不断延伸产品线。根据这些特点，数世咨询认为较合理的投资理念是"长持有、多赛道、共成长"。基于这一理念，主要依靠融资扩大企业规模以迅速占领市场，之后再设法回归企业良性发展模式的互联网企业模式并不适用。

5.4　数字安全产业九大态势

2023 年，对于数字安全产业的大多数民营数字安全企业来说，生存是第一要务。对整体数字安全产业而言，长期向好，未来可期！

5.4.1　数字安全时代的到来

数世咨询认为，计算机安全、信息安全和网络安全 3 个时代，可由《中华人民共和国计算机信息系统安全保护条例》《国家信息化领导小组关于加强信息安全保障工作的意见》，和"没有网络安全，就没有国家安全"等国家层面的法规政策和指示来划分。而中共中央、国务院印发的《数字中国建设整体布局规划》则标志着 2023 年是数字安全时代的开启元年。

5.4.2 国有化趋势愈加明显

安全是一个特殊的领域，机构主体规模越大就越无法做到独善其身，其自身的安全与否直接或间接影响社会和公共安全、政治和国家安全。只要是事关国计民生的重要领域，就需要从更高的维度来管理和把握。基于这个底层逻辑，未来会见到更多的国资入股或收购民营安全企业。基于这个逻辑，也解释了大型国有企业纷纷成立数科公司，即"数科化"的原因。

"未来绝大多数大型数字安全企业都将或多或少具备国资身份。"——摘自数世咨询《中国数字安全产业统计与分析报告（2022）》

5.4.3 中间商模式挤压利润与创新空间

安全的特殊性决定了国有化的趋势，但同时也带来了"数科化"，增加了数字安全市场中应用集成模式业务所占的比重。2022 年度数字安全市场规模仅有的 7% 的增长，全部来自集成业务。集成模式的好处在于，为供需双方提供缓冲区，具有政治与经济利益的双重保证等内在价值。但同时，也存在着明显的弊端，即严重挤压原厂商的利润空间，安全企业疲于生存，创新更无从谈起了。

5.4.4 数字安全产业发展形势严峻

自数世咨询核心团队开始产业统计工作以来，这是首次公开表示对产业发展形势的担忧。数字安全市场规模的增速和利润，已经连续两年下滑，而且势头难止，很大程度上意味着今年产业规模增长的停滞，甚至缩小。对于大多数民营企业而言"生存是第一要务"，尤其是严重依赖融资的企业面临的是生死存亡问题。

5.4.5 国家安全、数字经济为刚需

数字安全产业的两大核心驱动力，一是国家安全，二是数字经济。两者互相依赖、互为因果。党的二十大报告指出："以新安全格局保障新发展格局"，要坚持发展和安全并重，以安全保发展、以发展促安全。近两年来由于政治、经济等内外环境的各种因素影响，出现数字安全产业增长率下滑的态势，但保障国家安全和发展数字经济都需要数字安全产业的支撑。因此，虽然出现暂时的疲软，但"长期向好，未来可期"的大趋势不变。

5.4.6　存量市场与增量市场并发

国内用户的数字安全能力或需求呈现不均衡分布。从拥有丰足的安全预算投入、成体系的安全产品和豪华安全团队的超级用户，到具备基础安全能力的一般用户，再到"缺人少钱"的用户，甚至还有无预算、无工具、无人员的"三无用户"。究其原因，中国各地区、各行业、各组织的经济发展水平差异较大，信息化、数字化程度也参差不齐，数字安全能力或需求自然也是高低不等。这种不均衡分布意味着国内不仅有对传统安全合规产品的大量需求，即存量客户的需求，主要集中在政府部委和国企中，数字经济驱动下的创新安全产品有广阔的发展空间，即增量市场的需求。数字安全行业的未来将会是合规与创新的双轮驱动。

5.4.7　一体化解决方案呼声渐强

非常注重数字安全体系化建设的用户，以及面临庞杂的数字化运营工作的用户，开始出现从摆脱安全产品的"最佳选择"，到产品和供应商整合的倾向。因此，集成多种具备某种共性产品的安全平台，即基于平台的一体化解决方案，越来越受到供需双方的高度关注。如云原生应用程序保护平台（CNAPP）、安全可见性/优先级和验证（SOPV）、扩展检测和响应（XDR）、零信任访问架构（ZTNA）、安全访问服务边缘（SASE），以及数世咨询提出的持续应用安全（CAS）、数据访问安全域（DASS）、一体化端点安全（IES）、安全驱动的数据治理（SDDG）等。但由于商业壁垒和体制文化差异等，融合类的一体化解决方案供应侧能力严重不足，往往最终的采购结果会变成总包性质的大集成模式。

5.4.8　安全运营从共识走向落地

安全的动态性、伴生性、系统性和服务性要求必须引入运营的理念。用户真正需要的是安全能力、安全效果的提升，而不是安全设备、软件等产品的堆砌。在前几年，业界已经取得了安全运营理念的共识。现如今，具备一定数字化水平并拥有独立安全团队的用户普遍在开展安全运营工作。一些具有前瞻性的客户，甚至开始尝试接受远程安全托管运营的模式。根据对甲乙双方实际情况的调研和总结，数世咨询提出了安全运营的五大要素——工具、人员、平台、流程和管理。

5.4.9　数据安全新方向逐渐明朗

2022年底，《中共中央、国务院关于构建数据基础制度更好发挥数据要素作用的意见》（简称"数据二十条"），为解决数据要素化最大的难点——数据确权，创造性地提出了"淡化所有权、强调使用权，聚焦数据使用权流通"的"三权分置"数据产权制度框架，提供了突破数据确权困境的可能性，并"鼓励探索数据流通安全保障技术、标准、方案"。数世咨询认为，未来 3 ～ 5 年的主流数据安全需求，将聚焦在"数据主体可控的有限范围内，即机构内各部门、合作伙伴、供应商、用户"的数据访问场景上。

第 6 章

数字安全
未来

6.1 未来产业规模

据数世咨询的研究，2022 年美国、英国的数字安全市场规模分别超过 1000 亿美元和 100 亿英镑，约占其 GDP 的 0.45%，占数字经济规模的 0.9%。但在中国，这个比例分别不到千分之一和千分之二。

中国的数字安全市场规模约为 1000 亿元，GDP 约为 126 万亿元，数字经济超过 50 万亿元（均以 2023 年数据为例）。如果参考美国、英国的数据，目前国内的数字安全市场规模还有 4 ~ 5 倍的增长空间。另据工业和信息化部发布的数据，2022 年全国软件和信息技术服务业的收入规模达到 1.08 万亿元，按照企业安全服务市场收入规模的占比为 5% 来计算，数字安全市场规模应该为 5000 亿元。除此之外，随着全球的数字化进程，政治、军事、科技、经济等社会活动对数字化的依赖性更强[1]，数字安全市场规模的占比仍将进一步提升。

科技的发展有一个必然规律，即技术越高级，系统越复杂，稳定性越差，风险越大。汽车比马车危险，飞机比火车危险，航天船、宇宙空间站的信息系统更是容不得一行代码出错。不仅如此，在数字世界中，破坏、犯罪和战争的成本变得极低，且实施起来尤为容易。当一条数字化的通信指令不仅可以控制空调、汽车，还可以控制心脏起搏器，左右银行交易，命令电厂停电、卫星转向，甚至是发动核打击的时候，其蕴藏的巨大风险可想而知。

在现实世界中，安全是割裂的。人身安全、财产安全、交通安全、生产安全、社会治安、国防安全等，这些安全领域彼此的交叉很少，分别有着各自的活动领域。但在数字世界里，安全不再割裂，所有的安全问题都可归结于数字安全问题。

"一切安全都是数字安全，一切风险都是数字风险"——数世咨询

复杂系统的不稳定性，数字世界安全的高度统一性，决定了网络安全的特性将从伴生需求走向共生需求，并终将成为高科技时代人类社会生活的基本需求。如果以 20% 的年均增长率计算，数字安全产业规模有望在 2035 年，即我国政府"十四五"规划中的远景目标年突破 1 万亿元。

---

1 根据中国信息通信研究院发布的《全球数字经济白皮书（2022）》，美国、英国、德国的数字经济规模在国内生产总值（GDP）中的占比均超过 65%。

6.2　产业驱动力

在 30 年的时间里，我国数字安全产业的发展，由初期的被动式的事件驱动模式，逐渐转向了主动式的威胁驱动模式，未来还将步入为不确定性提前做好准备的风险驱动模式。

事件已经发生，只能被动补救，即所谓的"亡羊补牢"。应对威胁的上策是主动防御，要做到"料敌机先"。而"风险不可能完全消除，不存在绝对意义上的安全"，只能根据不断变化的环境和对风险的不同容忍度来考虑不同安全手段的实施，以控制风险，所以要"未雨绸缪"。

基于风险理念的核心工作是要对数字系统的风险进行持续的感知和分析，然后进行决策和执行，最后对现行的安全策略进行调优并落地实施，不断重复上述过程以形成风险控制的闭环。

"风险永远存在，资源永远有限。因此要将有限的资源投入风险最大的方面。"——数世咨询

数字安全产业的发展驱动力还可以从合规与创新的维度来阐述。

首先是合规。与其他行业、领域不同，数字安全与消防安全、食品安全、公共安全等安全领域类似，有着公共属性和社会属性。如果发生安全事件，后果不仅仅关系到个人或某机构主体自身，往往连带导致他人乃至社会、国家的利益受损。但从生产力的角度来看，在绝大多数场景下确保安全会降低生产效率，成本中心包含安全成本。因此，必须以强制性的规定为基础要求。数字安全行业发展了 30 年，从计算机安全等级保护，到信息安全等级保护，再到网络安全等级保护，充分体现出合规的基础驱动作用。

"合规永远是数字安全产业的基础推动力。"——数世咨询

然后是创新。强调"合规是数字安全产业的基础驱动力"并不意味着对技术创新的忽略。数字安全的场景化和服务化及其复杂性和碎片性，意味着只能依靠不断的创新来引领发展和解决问题。数字经济的健康良性发展离不开数字安全保障，只有不断创新和实践，安全才能成为经济发展的润滑剂，而不是绊脚石。

"数字安全产业的未来，一定是合规与创新双轮驱动。"——数世咨询

6.3 数字健康

数字安全的下一个发展阶段是数字健康。两者的区别在于，安全往往是后置的、外在的、伴生性的，而健康则是先天的、内在的、共生的。安全不一定健康，亚健康、带病体配套安全保障措施，往往也可以照常运行。健康也不一定安全，但对于健康的主体而言，显然未来面临的风险要小得多。同时，配套的安全保障措施在经济成本控制和落地实施效果上，成效要好得多。

2023 年 10 月 16 日，美国国土安全部下辖网络安全和基础设施安全局、国家安全局、联邦调查局，与澳大利亚、加拿大、英国、德国、以色列、日本、韩国、新加坡等 12 个国家的网络安全机构共同发布更新过后的"安全设计指南"。其中，最重要的核心理念为："安全不应该是一种奢侈的选择，而应该是一项无须谈判或支付更多费用即可获得的权利……软件行业需要的是更安全的产品，而不是更多的安全产品。软件制造商应该引领这一转变。"

不管是软硬件，还是智能设备、信息系统等数字化产品，均应该在设计阶段就保证是安全的，不仅减少了在运行阶段"外挂式安全"的成本，还为未来不确定性带来的风险做好了更加积极主动的准备。近年来，内生安全、本质安全、安全左移的理念已经在业内普及，其底层逻辑就是从"外在的安全"走向"内在的健康"。

6.4 数字秩序

数世咨询认为，数字安全的终极形态是数字秩序。

本书第 1 章中所言，"**数字安全的目标主体是数字世界，而非网络空间**，更非网络空间中的个人信息、互联网经济等子集。因此，数字安全的内涵不只是针对网络资产或数字资产的保护，而是更为广义的，包含了**数字活动风险控制和保证数字社会可持续发展的一种综合性安全保障。**"

现实世界中的人们的日常活动与各产业的健康发展，均是由各种秩序来维持的。人们出行需要在外包装上遵守交通秩序，食品需要在外包装上注明原材料并取得卫生许可，商业经营则需要遵守劳动法、工商税务法，前沿科技研究甚至战争都会受到伦理道德和国际秩序的制约，离开了秩序，任何人类社会活动根本无法开展，任何团体、机构、组织、国家也就无法存在了。

　　数字世界的活动和发展同样离不开数字秩序。智能交通离不开数字化的安全控制，数字化的软硬件产品需要 SBOM（软件物料清单），数字化的经营活动需要电子证书、电子签章、电子水印，每一个人甚至每一台数字设备都需要数字身份的认证，人工智能和量子计算则需要在设计阶段就要将安全约定考虑在内，避免出现高科技可能带来的毁灭性的反噬。

　　安全即秩序，秩序即世界。

附录 1

数字安全法治

从未来数字世界发展的角度去看，现行有效法律及未来将颁布的法律都包含着数字安全的内容。在我国，与数字安全相关的法律已经形成了基本体系，由于内容覆盖面较大，本书中暂不赘述，数世咨询将会在后续的出版物中编制法律法规介绍专栏进行详细介绍。本附录在于分享和探讨数字安全法治与数字中国建设间的关系，使读者对数字安全法律具备初步认识，所以讨论的范围限定在数字中国建设背景下的现行有效法律中与数字安全强相关的部分。

在《中华人民共和国国家安全法》正式施行之前，我国不存在数字安全领域的法律体系，关于数字安全领域的法律条款呈散点状分布于其他法律之中。这些法律文件中与数字安全关系较为密切的有《中华人民共和国刑法》《中华人民共和国保守国家秘密法》《中华人民共和国治安管理处罚法》，还有《全国人民代表大会常务委员会关于加强网络信息保护的决定》《全国人民代表大会常务委员会关于维护互联网安全的决定》《计算机信息系统安全保护条例》《互联网信息服务管理办法》等法规政策文件。

2015年7月1日《中华人民共和国国家安全法》正式施行，我国总体国家安全观自此树立，网络空间正式进入法治时代。2016年1月1日起施行的《中华人民共和国反恐怖主义法》、2020年12月1日起施行的《中华人民共和国出口管制法》和2023年7月1日起施行的新修订的《中华人民共和国反间谍法》，都明确涵盖了网络空间与数字技术，同时着重反映出数字技术对于保障国家安全活动和促进国家安全能力提升的重要性。

2017年6月1日《中华人民共和国网络安全法》正式施行，这是第一部数字安全领域的专属性法律。其中明确了相关部门和组织在网络空间中的职责和权利，代表我国总体国家安全观的实质性进展，标志着全面开启网络空间法治化进程，具有划时代的重大意义。

2019年1月1日起施行的《中华人民共和国电子商务法》和2019年4月23日修正的《中华人民共和国电子签名法》，反映出数字技术深度融入我国人民生产生活之中，明确了利用数字技术的法律要求。

2020年1月1日《中华人民共和国密码法》正式施行，密码作为数字安全防护技术的核心之一，自此有了综合性、基础性的法律依据。主要作用在于规范密码应用和管理，促进密码领域发展，支撑数字安全发展。

2021年1月1日起施行的《中华人民共和国民法典》和2021年6月1日起施行的新修订的《中华人民共和国未成年人保护法》，也明确涵盖了网络空间，牢固了我国公民在网络空间中与现实世界中的同等责权利，体现了"网络空间不是法外之地"的意志。

2021年9月1日《中华人民共和国数据安全法》正式施行，与《中华人民共和国网络安全法》共同形成了我国数字安全法治体系的雏形。该法是数据安全领域的基础性法律，确立了数据权益的法律性质，明确需要保障数据的静态安全和动态利用安全。

2021 年 11 月 1 日起施行的《中华人民共和国个人信息保护法》和 2022 年 12 月 1 日起施行的《中华人民共和国反电信网络诈骗法》，进一步筑牢了数字安全法治的基础。在数字技术层面之外，将数字安全与公共安全和社会秩序层面相融合，体现了国家层面对于数字安全的深刻思考和对于数字中国发展的深刻认知。

除以上法律文件外，我国在数字安全法治建设进程中还陆续发布、制定了一系列法律配套文件和政策，以此丰富了数字安全法律体系，对法律要求进行了细则上的说明和原则上的指导。

1. 关键信息基础设施

（1）2021 年 9 月 1 日起施行的《关键信息基础设施安全保护条例》，明确了我国关键信息基础设施的概念及范围，建立了相关组织及工作机制，从国家整体层面上加强了关键信息基础设施安全保障能力，确立了监测、评估、应急等一系列安全保障要求。

（2）2017 年 1 月 10 日起施行的《国家网络安全事件应急预案》、2007 年 11 月 1 日起施行的《中华人民共和国突发事件应对法》、2006 年 1 月 8 日起施行的《国家突发公共事件总体应急预案》、2013 年 10 月 25 日起施行的《突发事件应急预案管理办法》等共同构建了我国关键信息基础设施应急管理体系，有效保障我国应对社会性事件的应急处置能力。

2. 公共安全和社会秩序

中央网络安全和信息化委员会办公室于 2023 年 9 月 15 日印发《关于进一步加强网络侵权信息举报工作的指导意见》，最高人民法院、最高人民检察院、公安部于 2023 年 9 月 25 日印发《关于依法惩治网络暴力违法犯罪的指导意见》的通知，2024 年 1 月 1 日起实施的《未成年人网络保护条例》，反映出了我国对于网络空间治理的全面性，并体现了公共安全和社会秩序在数字安全中的重要性。

3. 国家互联网信息办公室

（1）国家互联网信息办公室 2021 年第 20 次室务会议审议通过并经 13 个部委有关部门同意的《网络安全审查办法》和 2022 年 5 月 19 日国家互联网信息办公室 2022 年第 10 次室务会议审议通过的《数据出境安全评估办法》，建立了我国数字安全审查制度，有效防范、化解数字供应链安全风险，提升国家数据出境安全管理水平。

（2）国家互联网信息办公室 2021 年第 10 次室务会议审议通过并经 5 个部委有关部门同意的《汽车数据安全管理若干规定（试行）》，国家互联网信息办公室 2023 年第 12 次室务会议审议通过并经 6 个部委有关部门同意的《生成式人工智能服务暂行管理办法》，反映出了我国对于新兴数字技术领域安全的关注。

4. 多部委联合发布

（1）2023 年 9 月 7 日，由科技部、教育部、工业和信息化部、农业农村部、国家卫生健康委员会、中国科学院、中国社会科学院、中国工程院、中国科学技术协会、中央军事委员会科学技术委员会联合印发的《科技伦理审查办法（试行）》指出如下内容。

① 涉及以人为研究参与者的科技活动，所制定的招募方案公平合理，生物样本的收集、储存、使用及处置合法合规，个人隐私数据、生物特征信息等信息处理符合个人信息保护的有关规定。

② 涉及数据和算法的科技活动，数据的收集、存储、加工、使用等处理活动以及研究开发数据新技术等符合国家数据安全和个人信息保护等有关规定，数据安全风险监测及应急处理方案得当；算法、模型和系统的设计、实现、应用等遵守公平、公正、透明、可靠、可控等原则，符合国家有关要求，伦理风险评估审核和应急处置方案合理，用户权益保护措施全面得当。

（2）2023 年 10 月 8 日，由工业和信息化部、中央网络安全和信息化委员会办公室、教育部、国家卫生健康委员会、中国人民银行、国务院国有资产监督管理委员会联合印发的《算力基础设施高质量发展行动计划》明确开展算力安全保障行动，指出如下内容。

① 基于算力数据生产和消费需求，进行数据全生命周期保护和管理，实现算网一体的数据高效流转和数据安全防护、计算。

② 推动算力建设运营应用安全标准体系建设，多角度推进安全标准研究和应用，开展算力设施安全等级测试，总结安全治理优秀经验。

5. 国家与国际标准

（1）我国明确要求，对于数字安全，国家实行网络安全等级保护制度，并于 2019 年更新了 2008 年版本的网络安全等级保护制度系列标准，使之更加适应数字时代所面临的云计算、移动互联网、物联网、工业控制系统等的数字安全问题。

（2）根据国家对于关键信息基础设施的安全保障意志，全国信息安全标准化技术委员会（SAC/TC 260）于 2022 年发布了《信息安全技术 关键信息基础设施安全保护要求》，从分析识别、安全防护、监测评估、监测预警、主动防御和事件处置等方面制定了较为全面的要求。

（3）2023 年 7 月，我国牵头提出的国际标准 ISO/IEC 27071:2023《网络安全设备与服务建立可信连接的安全建议》正式发布，给出了设备和服务建立可信连接的框架和安全建议，包括对硬件安全模块、信任根、身份鉴别和密钥建立、环境证明、保障数据完整性和真实性等组件的安全建议。该国际标准适用于基于硬件安全模块在设备和服务之间建立可信连接的场景，如移动支付、车联网、工业物联网等，有助于提升数据从设备中采集到服务全过程的安全性。

截至本书完成之时，由以上法律和相关文件构成了我国数字安全法治基础体系。当然还包括国家和各地方政府陆续颁布的诸多数字中国和数字安全的相关政策，都为数字中国建设过程中，合理控制个人、组织、国家在各种活动中面临的数字风险，保障数字社会可持续发展提供了法律法规依据和保障。

数字安全有法可依、有法必依，在社会层面，制定符合数字中国发展的数字安全法律，不仅能保证我国人民在网络空间中的合法权益得到保障，还可以将千百年传承的中华民族传统美德重新映射到数字世界之中。例如个人敏感信息的保护、网络暴力的惩治等。

在经济层面，遵循数字安全法律并适时地修订，不仅可以为数字化转型中的千行百业降低风险、减少损失、增加经营收益，还可以将数字安全产业做大做强，贡献经济效益。例如互联网推广活动"薅羊毛"防治、数字安全行业产值增速傲视国内各行业。

在国家层面，合理且有效地利用数字安全法律，不仅可以牢筑数字安全屏障，还可以构筑新优势、引领世界。例如依法对美光公司在华销售产品的网络安全审查、我国在量子安全应用方面的领先性等。

附录 2

数字安全与
数字中国的关系

2023 年，中共中央、国务院正式印发了《数字中国建设整体布局规划》（以下简称《规划》），《规划》的最终目标是要全面建设社会主义现代化国家、全面推进中华民族伟大复兴。在数字中国建设实现最终目标的过程中，《规划》要成为推进中国式现代化的重要引擎和构筑国家新优势的有力支撑。

为了合理并有效推进数字中国这一伟大事业，特制定了"2522"框架，以数字经济和实体经济深度融合及以数字化驱动生产生活和治理方式变革两方式，进行部署和落实。

"2522"框架包括以下内容。

1. 两大基础

（1）数字基础设施：网络基础设施主要包含 5G、IPv6、物联网和北斗卫星定位系统应用。算力基础设施主要发展方向为高效互补、协同联动、合理梯次布局。应用基础设施主要方向为数字化、智能化改造。

（2）数据资源体系主要发展方向为建立健全体制机制，开发利用公共数据、建设重要领域国家数据库和释放商业数据价值。

2. 数字技术与"五位一体"总体布局深度融合

（1）数字技术与经济建设融合的主要方向为数字产业化和产业数字化。

（2）政治建设融合的主要方向为强化制度规则创新和推进数字政府高质量建设。

（3）文化建设融合的主要方向为大力发展健康网络文化和增强数字文化服务能力。

（4）社会建设融合的主要方向为国家施行数字社会治理、政府开展数字公共服务、为人民普及数字生活智能化。

（5）生态文明建设融合的主要方向为数字化和绿色化的协同、融合。

3. 两大能力

（1）数字技术主要发展方向包括关键核心技术攻关、技术创新与融合、知识产权保护。

（2）数字安全主要发展方向包括建立健全法律法规和政策体系、保障网络安全和数据安全。

4. 两个环境

（1）国际环境主要发展方向为构建开放共赢的数字领域国际合作格局。

（2）国内环境主要发展方向为建设数字治理生态。

"2522"框架关系如附录图 2-1 所示。

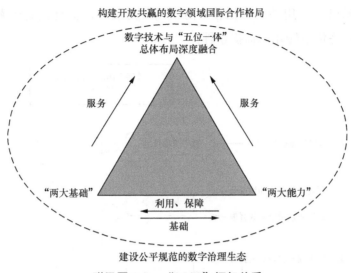

附录图 2-1　"2522"框架关系

在"2522"框架中，数字安全在"两大能力"的范畴内，数字安全与数字中国的内在关系可以概括为如下内容。

① 国内与国际数字环境的营造，滋养了数字中国建设、发展的土壤，加速了数字安全价值转化的速度。

② 数字基础设施为数字安全与数字技术提供了基础性支撑，没有基础设施的数字安全和数字技术等于空中楼阁。

③ 数字技术利用数字基础设施形成数字化能力，数字安全保障数字化能力充分发挥其应有且正向的作用。

④ 基础设施、数字技术、数字安全共同服务于数字中国各层面的数字化场景，引领、匹配各种数字化场景的需求，使其满足数字中国建设、发展的要求。

数字安全三元论如图 2-1 所示。

通过附录图 2-1 和图 2-1 可以得出，数世咨询提出的数字安全三元论与"2522"框架在整体逻辑上异曲同工，展现了各自对于数字中国与数字安全的理解。也进一步体现了数字安全三元论对于我国数字安全的深刻洞察，证实了其匹配我国数字安全产业发展的可行性。

正因为有了数字中国的建设和发展，数字安全在理论和实践层面的发展才可以顺利进行。如附录图 2-2 所示，从数字中国的建设目标中可以看到数字安全与数字中国的关系。

数字安全与数字中国的关系概括如下。

① 数字安全依赖于数字基础设施提供的算力、网络与应用环境，同时保障数字基础设施的稳定性、安全性、可靠性。

② 数字安全保障数据要素在流动过程中的安全性，包括但不限于保障数据要素

的保密性、完整性、可用性、防抵赖、防误用、防滥用，促进数据要素的价值释放，构建数据要素经济价值转化的前提条件。

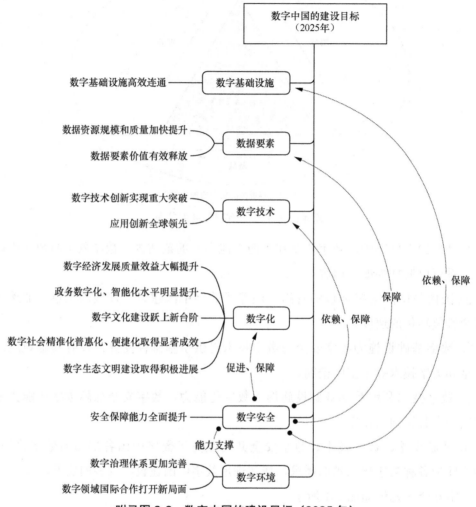

附录图 2-2　数字中国的建设目标（2025 年）

③ 数字安全依赖于日益发展的数字技术，同时保障数字技术在数字时代的伦理安全和应用安全。

④ 数字安全有效促进并保障数字化进程的顺利推进，根据不同的安全性需求服务于各类数字化场景，为数字化业务降损增效。

⑤ 数字安全为国际与国内数字环境的营造提供支撑能力，应用于国内数字环境时能提供监管与治理能力，应用于国际数字环境时能提升团队信任感与作战实力。

数字安全依附于数字中国，数字中国依赖于数字安全，在实践过程中真正统筹发展与安全，才是最终实现全面建设社会主义现代化国家、全面推进中华民族伟大复兴的关键。

附录 3

数字安全能力图谱与网络安全专用产品目录对照

2023 年 7 月，国家互联网信息办公室会同工业和信息化部、公安部、国家认证认可监督管理委员会等部门发布了更新后的《网络关键设备和网络安全专用产品目录》。声明自 2023 年 7 月 1 日起，列入《网络关键设备和网络安全专用产品目录》的设备和产品，应当按照相关国家标准的强制性要求，由具备资格的机构对其安全认证或者安全检测，在设备和产品合格或符合要求后，方可销售或者提供。

《网络关键设备和网络安全专用产品目录》中的"产品类别"是基于市场上已经成熟的产品或者根据国家监管部门的需要制定的产品，是这一类型产品的总称。而数字安全能力图谱对于每一项数字安全能力的命名方式针对的是具体的产品、技术或服务，并且基本是与市场同步甚至是超前于市场的。对于市场上已经成熟的产品或者根据国家监管部门的需要制定的这一类产品，在数字安全能力图谱中都有相对应的具体能力项。

附录表 3-1 是《网络关键设备和网络安全专用产品目录》中的网络安全专用产品部分与数字安全能力图谱的对照，希望对照表可以使读者了解哪些数字安全产品、技术或服务需要按照《网络关键设备和网络安全专用产品目录》的要求进行检测。

附录表 3-1 《网络关键设备和网络安全专用产品目录》
中的网络安全专用产品部分与数字安全能力的对照

序号	产品类别	产品描述	数字安全能力图谱对照
1	数据备份与恢复产品	能够对信息系统数据进行备份和恢复，且对备份与恢复过程进行管理的产品	数据恢复
			容灾备份
2	防火墙	对经过的数据流进行解析，并实现访问控制及安全防护功能的产品	网络防火墙
			WAF
			现代WAF/WAAP
			工业控制系统安全防护
			车载防火墙
			数据库防火墙
3	入侵检测系统（IDS）	以网络上的数据包作为数据源，监听所保护网络节点的所有数据包并进行分析，从而发现异常行为的产品	IDS/IPS
			HIDS
			工业控制系统检测
4	入侵防御系统（IPS）	以网桥或网关形式部署在网络通路上，通过分析网络流量发现具有入侵特征的网络行为，在其传入被保护网络前进行拦截的产品	IDS/IPS

续表

序号	产品类别	产品描述	数字安全能力图谱对照
5	网络和终端隔离产品	在不同的网络终端和网络安全域之间建立安全控制点，实现在不同的网络终端和网络安全域之间提供访问可控服务的产品	网络隔离/网闸
			SDP
			AD域安全
			可信边界安全网关
			浏览器安全访问
			动态信任
			SASE
			零信任
			跨网文件交换
6	反垃圾邮件产品	能够对垃圾邮件进行识别和处理的软件或软硬件组合，包括但不限于反垃圾邮件网关、反垃圾邮件系统、安装于邮件服务器的反垃圾邮件软件，以及与邮件服务器集成的反垃圾邮件产品等	邮件安全
7	网络安全审计产品	采集网络、信息系统及其组件的记录与活动数据，并对这些数据进行存储和分析，以实现事件追溯、发现安全违规或异常的产品	工业控制系统审计
			数据库审计
8	网络脆弱性扫描产品	利用扫描手段检测目标网络系统中可能存在的安全弱点的软件或软硬件组合的产品	Web漏洞扫描
			漏洞与补丁管理
			数据库漏扫
9	安全数据库系统	从系统设计、实现、使用和管理等各个阶段都遵循一套完整的系统安全策略的数据库系统，目的是在数据库层面保障数据安全	区块链保护
			区块链-SD
10	网站数据恢复产品	提供对网站数据的监测、防篡改，并实现数据备份和恢复等安全功能的产品	网页防篡改
11	虚拟专用网产品	在互联网链路等公共通信基础网络上建立专用安全传输通道的产品	VPN
12	防病毒网关	部署于网络和网络之间，通过分析网络层和应用层的通信，根据预先定义的过滤规则和防护策略实现对网络内病毒防护的产品	防病毒网关
13	统一威胁管理产品（UTM）	通过统一部署的安全策略，融合多种安全功能，针对面向网络及应用系统的安全威胁进行综合防御的网关型设备或系统	UTM
14	病毒防治产品	用于检测发现或阻止恶意代码的传播以及对主机操作系统应用软件和用户文件的篡改、窃取和破坏等的产品	沙箱
			防恶意代码
15	安全操作系统	从系统设计、实现到使用等各个阶段都遵循了一套完整的安全策略的操作系统，目的是在操作系统层面保障系统安全	安全操作系统

续表

序号	产品类别	产品描述	数字安全能力图谱对照
16	安全网络存储	通过网络基于不同协议连接到服务器的专用存储设备	网络存储
17	公钥基础设施	支持公钥管理体制，提供鉴别、加密、完整性和不可否认服务的基础设施	数字证书
18	网络安全态势感知产品	通过采集网络流量、资产信息、日志、漏洞信息、告警信息、威胁信息等数据，分析和处理网络行为及用户行为等因素，掌握网络安全状态，预测网络安全趋势，并进行展示和监测预警的产品	工业态势感知
			VSOC
			威胁情报
			网络空间资产测绘
			攻击面收敛
			态势感知
			高级威胁防御
19	信息系统安全管理平台	对信息系统的安全策略以及执行该策略的安全计算环境、安全区域边界和安全通信网络等方面的安全机制实施统一管理的平台	基于资源池的云安全管理平台
			SOC
			工业安全管理平台
			数据安全管理平台
20	网络型流量控制产品	对安全域的网络进行流量监测和带宽控制的流量管理系统	SD-WAN
			SWG
			上网行为管理
			深度包检测
			NTA/NDR
			加密流量检测
			威胁检测与响应
21	负载均衡产品	提供链路负载均衡、服务器负载均衡、网络流量优化和智能处理等功能的产品	应用交付-SE
22	信息过滤产品	对文本、图片等网络信息进行筛选控制的产品	内容安全
23	抗拒绝服务攻击产品	用于识别和拦截拒绝服务攻击、保障系统可用性的产品	抗DDoS攻击
24	终端接入控制产品	提供对接入网络的终端进行访问控制功能的产品	网络准入
25	USB移动存储介质管理系统	对移动存储设备采取身份认证、访问控制、审计机制等管理手段，实现移动存储设备与主机设备之间可信访问的产品	三合一

序号	产品类别	产品描述	数字安全能力图谱对照
26	文件加密产品	用于防御攻击者窃取以文件等形式存储的数据、保障存储数据安全的产品	磁盘加密
			文档加密
			数据库加密
27	数据泄露防护产品	通过对安全域内部敏感信息输出的主要途径进行控制和审计，防止安全域内部敏感信息被非授权泄露的产品	扩展数据防泄露
			数据脱敏
			API数据安全
			数据访问安全域
			终端数据安全
28	数据销毁软件产品	采用信息技术进行逻辑级底层数据清除，彻底销毁存储介质所承载数据的产品	数据销毁
29	安全配置检查产品	基于安全配置要求实现对资产的安全配置检测和合规性分析，生成安全配置建议和合规性报告的产品	配置核查
30	运维安全管理产品	对信息系统重要资产维护过程实现单点登录、集中授权、集中管理和审计的产品	堡垒机
31	日志分析产品	采集信息系统中的日志数据，并进行集中存储和分析的安全产品	日志审计/SIEM
32	身份鉴别产品	要求用户提供以电子信息或生物信息为载体的身份鉴别信息，确认应用系统使用者身份的产品	令牌/KEY
			身份认证和验证
33	终端安全监测产品	对终端进行安全性监测和控制，发现和阻止系统和网络资源非授权使用的产品	内存保护
			防恶意代码
			终端/桌面管理
			HIDS
			主机检测与响应
			EDR
			EPP
			可信主机
			一体化端点安全
			云主机安全
34	电子文档安全管理产品	通过制作安全电子文档或将电子文档转换为安全电子文档，对安全电子文档进行统一管理、监控和审计的产品	文档信息安全
			电子签章